『十二五』国家重点图书出版规划项目
国家出版基金资助项目

国家出版基金项目
NATIONAL PUBLICATION FOUNDATION

晏阳初

民国乡村建设

华西实验区档案选编·经济建设实验

陆

⑥

目录

二、农业（续）

种植业与防虫·竹蝗防治（续）

种植业与防虫·甜橙果实蝇防治·防治计划、办法及工作人员名册

种植业与防虫·甜橙果实蝇防治·会议记录

种植业与防虫·甜橙果实蝇防治·工作报告、标语

目录

华西实验区铜梁县大庙乡治蝗工作总报告表及防治竹蝗奖纱登记表　9-1-235（2）

銅梁縣大廟鄉治蝗工作總報告表

農業組

（一）蝗區調查（填明保甲小地名及面積數量並附簡圖）
（1）23 保　甲（小地名）石家溝　手台灣　鄭家溝
（2）24 保　甲（　〃　）村家灣　黄家坡　小坡
（3）26 保　甲（　　）小市溝　曼家溝　老鴉窩
（二）發現竹蝗日期　5 月 4 日，竹蝗大小二齡至四齡
（三）開始捕蝗日期　7 月 1 日，捕蝗辦法
（四）捕蝗獎紗分期
（1）第一期自 7 月 1 日至 6 日蝗蟲 4,694 兩獎紗　2,347 排
（2）第二期自　月 7 日至 10 日蝗蟲 4,023 兩獎紗　[illegible] 排
（3）第三期自　月 11 日至 15 日蝗蟲 4,812 兩獎紗　3,703 排
（五）已領紗 42（六）發出紗 [illegible]（總獎紗 [illegible] 排計）
（六）每日捕蝗統計

月 日	動員人數	捕蝗兩數	獎紗排數	備註
7 1	32	10	2	

26條
335卷

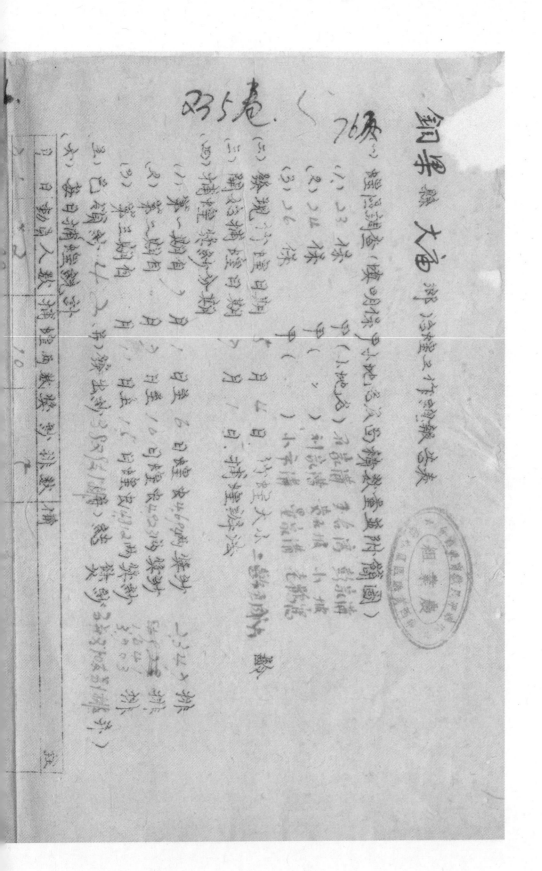

〃 4	231	954	477	
〃 5	711	1442	721	
〃 6	333	1726	863	
〃 7	85	363	121	
〃 8	117	588	196	
〃 9	275	1818	606	
〃 10	1440	2154	718	
〃 11	250	1512	378	
〃 12	245	2368	592	
〃 13	242	2448	612	
〃 14	356	4108	1027	
〃 15	379	4376	1094	
總計	24[illegible]2	24429	7[illegible]	

鄉長 [illegible] 股長 [illegible] [illegible]

負責人 填表日期 七月十六日

华西实验区铜梁县大庙乡治蝗工作总报告表及防治竹蝗奖纱登记表 9-1-235（2）

华西实验区铜梁县大庙乡治蝗工作总报告表及防治竹蝗奖纱登记表 9-1-235（3）

中華平民教育促進會華西實驗區
竹蝗奬紗登記表

銅梁縣大廟鄉　　　　月　日

姓名	保	甲	捕蝗數量（兩）	發紗數量（排）	指章	備註
黄应青	23	2	10	5		共2人
〃	23	2	10	5		〃6
石城华	24	5	32	16		〃24
石成玉	〃	7	24	12		〃17
刘元才	〃	5	8	4		〃8
黄文光	〃	4	14	7		〃11
刘万之	〃	4	12	6		〃9
彭文伯	〃	2	2	1		
黄玉超	〃	6	6	3		
汪法昭	1		4	2		
王方贵	1		3	1		

高述[illegible]	1	8	2	1		
戴青芳	1	8	2	1		
安俊木	26	4	4	2		
林國全	26	4	2	1		
石家秀	4	4	8	4		5
總計			150	75		90

負責人簽章 ________ ________

1

华西实验区铜梁县大庙乡治蝗工作总报告表及防治竹蝗奖纱登记表　9-1-235（3）

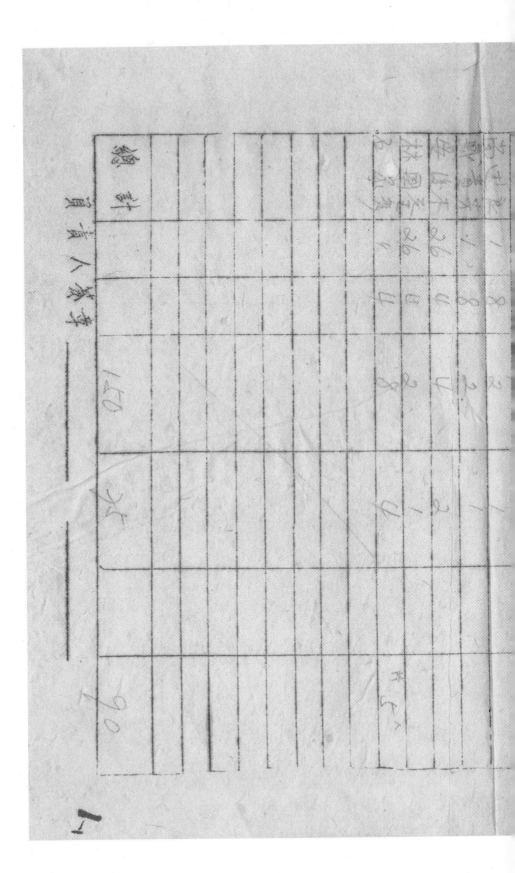

华西实验区铜梁县大庙乡治蝗工作总报告表及防治竹蝗奖纱登记表 9-1-235（4）

中華平民教育促進會華西實驗區
竹蝗獎紗登記表

銅梁縣大廟鄉　　　　六月三日

姓名	保	甲	捕蝗數量（兩）	發紗數量（綑）	指章	備註
彭錫吳	23		2	1		
劉有利	24	6	4	2		
彭自良	23	4	2	1		
詹天良	22	9	8	4		共4^
侯大華	23	7	2	1		
吳治繼	24	9	2	1		
吳雲全	24	9	4	2		
吳雲第	24	9	2	1		
龔錫松	23	4	6	3		共4^
石在望	24	1	10	5		共5^
石佳其	24	1	2	1		

[illegible]						
刘有才	〃	6	4	2		
黄世全	〃	5	4	2		〃2
石维国	〃	3	4	2		〃2
周云竹	〃	5	4	2		〃2
石酒芳	〃	1	4	2		
刘焕彬	26	1	6	3		〃2
安焕模	24	9	4	2		
刘石云	〃	4	4	2		
刘石模	〃	4	8	4		〃2
安全立	〃	9	2	1		
石云和	〃	3	10	5		〃3
石云发	〃	3	10	5		〃2
周学仁	〃	5	12	6		〃2
總計						

負責人簽章 ________ ________

2

华西实验区铜梁县大庙乡治蝗工作总报告表及防治竹蝗奖纱登记表 9-1-235（4）

华西实验区铜梁县大庙乡治蝗工作总报告表及防治竹蝗奖纱登记表　9-1-235（5）

p.2.

中華平民教育促進會華西實驗區
竹蝗奬紗登記表

铜梁縣大庙鄉　　　　7月3日

姓名	保	甲	捕蝗數量（兩）	發紗數量（排）	指章	備註
石望崇	24	1	10	5		共4
袁能貴	24	1	2	1		
共计			192	96		共56
石名江	24	1	2	1		
唐天协	22	2	2	1		
郭新言	24	1	2	1		
彭锡東	23	3	2	1		
冯训山	24	1	4	2		〃2
黄应分	23	2	40	20		〃8
彭戴照	23	1	16	8		〃3

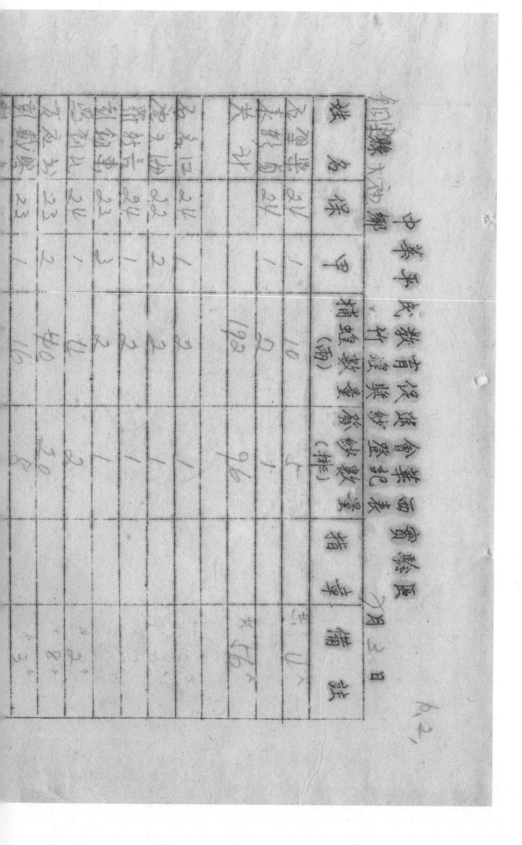

劉锡云	24	1	2	1		
丁衛章	24	6	8	4		
罗志儀	24	4	14	7		4
杨俊平	26	5	4	2		
晏厚志	26	5	2	1		
罗家良	24	4	2	1		
胡定林	24	1	6	3		
石成高	26	2	4	2		
石宗思	26	2	2	1		
劉家新	23	4	2	1		
劉治模	24	4	2	1		
石泉脉	26	4	2	1		
石友生	26	4	4	2		
總計						

負責人簽章 ________ ________

3、

华西实验区铜梁县大庙乡治蝗工作总报告表及防治竹蝗奖纱登记表 9-1-235（6）

中華平民教育促進會華西實驗區 p.2

銅梁縣大廟鄉 竹蝗獎紗登記表 7月3日

姓名	保	甲	捕蝗數量（兩）	發紗數量（排）	指章	備註
彭錫志	23	3	8	4		共3人
彭戴剛	26	5	8	4		
吳桂榮	24	3	2	1		
彭戴信	23	2	6	3		〃3人
黃昌全	24	5	4	2		〃2人
彭戴権	23	1	4	2		
共計			168	84		共49人
彭錫正	23	1	2	1		共2人
石永良	24	1	4	2		
劉云華	26	4	4	2		

彭锡全	23	3	2	1		
罗应全	24	9	2	1		
罗应珍	24	9	2	1		
徐大年	23	1	2	1		
刘有才	24	6	2	1		
刘明祥	24	3	4	2		
刘担安	24	3	4	2		
彭治良	23	4	2	1		
叶本廷	24	1	2	1		
朱德模	24	1	2	1		
石家镇	24	3	4	2		
石家斋	24	1	2	1		
石合良	24	1	6	3		
總計						

負責人簽章 ________ ________

4.

华西实验区铜梁县大庙乡治蝗工作总报告表及防治竹蝗奖纱登记表　9-1-235（6）

华西实验区铜梁县大庙乡治蝗工作总报告表及防治竹蝗奖纱登记表 9-1-235（7）

中華平民教育促進會華西實驗區

銅梁縣大廟鄉　竹蝗奬紗登記表　7月3日

姓名	保	甲	捕蝗數量（兩）	發紗數量（排）	指章	備註
袁朝貞	24	1	2	1		
劉錫罗	23	1	2	1		
罗彰元	25	2	2	1		
冉焕之	23	5	2	1		
共計			62	31		共23人

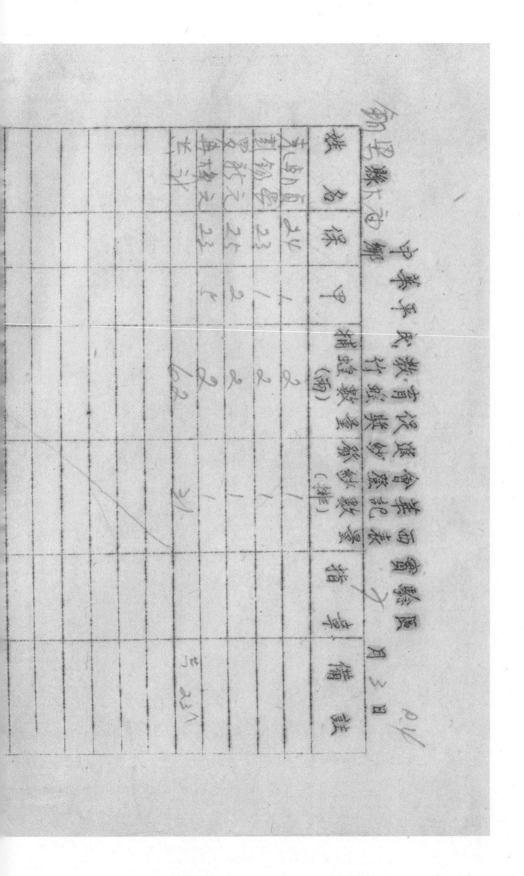

7月3人
全日(共4天)

總計	—		422	211		共128人

負責人簽章 ________ ________

5.

华西实验区铜梁县大庙乡治蝗工作总报告表及防治竹蝗奖纱登记表　9-1-235（7）

华西实验区铜梁县大庙乡治蝗工作总报告表及防治竹蝗奖纱登记表 9-1-235（8）

R1

中華平民教育促進會華西實驗區
銅梁縣大廟鄉 竹蝗奬紗登記表 六 月4日

姓名	保	甲	捕蝗數量（兩）	發紗數量（排）	指章	備註
刘有才	24	6	2	1		
刘有成	24	6	4	2		
吴厚祥	25	4	2	1		
余远华	23	1	4	2		
彭锡才	23	6	4	2		
余民富	23	1	2	2		
彭锡宗	23	1	2	1		
彭代富	23	1	2	1		
彭锡臣	23	1	2	1		
彭锡国	22	1	2	1		
徐光甫	25	4	8	4		

劉云[illegible]	23	1	2	1		
石家富	23	2	4	2		
唐天俊	22	4	6	3		
彭文惠	23	3	6	3		
金运華	23	1	6	3		
羅文弘	23	2	10	5		共3人
彭比芳	23	5	2	1		
吴浩林	24	2	4	2		
劉有富	26	3	2	1		
劉有祿	26	3	2	1		
劉習將	26	4	2	1		
彭在為	23	1	4	2		
彭文志	23	1	2	1		
總計						

負責人簽章 ________ ________

6.

华西实验区铜梁县大庙乡治蝗工作总报告表及防治竹蝗奖纱登记表　9-1-235（8）

华西实验区铜梁县大庙乡治蝗工作总报告表及防治竹蝗奖纱登记表 9-1-235（9）

中華平民教育促進會華西實驗區 6.2

铜梁縣大庙鄉 竹蝗獎紗登記表 7月4日

姓名	保	甲	捕蝗數量（兩）	發紗數量（排）	指章	備註
彭文忠	23	1	2	1		
彭文安	23	1	4	2		
总计			98	49		共30人
罗学崇	24	1	14	7		共6人
罗自和	24	4	24	12		4 4
罗如为	24	4	2	1		
罗德齐	24	5	6	3		
刘习恒	24	4	2	1		
罗世术	24	5	2	1		
郭必根	24	2	4	2		

徐克全	24	2	4	2		
刘有成	24	2	6	3		
萧素超	25	3	2	1		
彭在信	23	7	26	13		
刘元才	25	1	6	3		
彭文义	25	1	4	2		
彭仕福	25	1	4	2		
吕搜生	23	6	36	18		共6
李世荣	23	6	8	4		
余仁富	23	6	4	2		
彭文忠	23	1	4	2	/	
彭在富	23	1	2	1		
彭文富	23	2	2	1		
總　計						

負責人簽章 ____________ ____________

7.

华西实验区铜梁县大庙乡治蝗工作总报告表及防治竹蝗奖纱登记表　9-1-235（9）

华西实验区铜梁县大庙乡治蝗工作总报告表及防治竹蝗奖纱登记表　9-1-235（10）

中華平民教育促進會華西實驗區　　6.3.

銅梁縣大廟鄉　　竹蝗獎紗登記表　　7月4日

姓名	保	甲	捕蝗數量（兩）	發紗數量（綹）	指章	備註
彭述堯	23	3	12	6		共6人
彭文貴	〃	3	2	1		
劉榮以	〃	1	16	8		〃3人
李三	〃	1	8	4		〃2人
劉方万	〃	1	6	3		
李昌安	〃	1	2	1		
总计			216	108		共49人
陳楊云	22	9	4	2		3人
唐文良	22	10	10	5		4人
石文仲	23	1	14	7		

刘文东	23	2	4	2		
刘海陞	23	2	4	2		
刘東才	23	2	8	4		
刘家興	23	1	2	1		
胡文志	23	1	2	1		
胡树珍	23	7	4	2		
皮光金	23	1	4	2		
刘文佳	23	9	2	1		
刘家興	23	7	4	2		
刘家元	23	7	2	1		
罗光玉	23	1	20	10		
殷大华	23	3	4	2		
吴厚全	25	3	2	1		
刘家許	23	2	10	5		
胡文枝	23	2	4	2		

負責人簽章 ________ ________

8.

华西实验区铜梁县大庙乡治蝗工作总报告表及防治竹蝗奖纱登记表 9-1-235（11）

P4

中華平民教育促進會華西實驗區

铜梁縣大庙鄉 竹蝗奬紗登記表 7月4日

姓名	保	甲	捕蝗數量（兩）	發紗數量（排）	指章	備註
刘其贤	23	1	4	2		
孟宗明	24	2	8	4		
刘有才	24	4	4	2		
刘啟樑	24	3	14	7		
孟明良	24	3	6	3		
晏厚伦	25	3	2	1		
胡多凉	23	1	2	1		
刘其贵	23	1	2	1		
吴正中	23	3	2	1		
刘家彰	23	1	8	4		
刘宜瑶	23	1	4	2		

冉旗盛	23	6	42	21		
罗顺昌	23	1	8	4		
刘乡贞	23	6	4	2		
刘啟根	23	5	8	4		
彭在林	23	2	6	3		
石成星	26	7	4	2		
刘有旭	26	7	2	1		
刘士华	26	7	6	3		
皮文全	23	1	2	1		
余道富	23	1	2	1		
刘良词	23	1	2	1		
吴荣才	23	9	2	1		
石家培	24	1	4	2		
[illegible] 總計	24	2	4	2		
石家富	24	3	4	2		

負責人簽章 ________ ________

9.

华西实验区铜梁县大庙乡治蝗工作总报告表及防治竹蝗奖纱登记表 9-1-235（12）

中華平民教育促進會華西實驗區
竹蝗奬紗登記表

铜梁縣大庙鄉 7月4日

姓名	保	甲	捕蝗數量（兩）	發紗數量（排）	指章	備註
阚金廷	23	3	30	15		
刘其贵	24	6	2	1		
石成之	24	5	4	2		
黄昌金	23	9	2	1		
刘家良	24	1	2	1		
彭文才	23	4	6	3		
黄昌玲	24	2	6	3		
袁朝灿	23	1	10	5		
石家荣	24	5	2	1		
郭必裕	23	10	6	3		
刘启光	24	3	6	3		

石炳荣	24	6	2	1		
石家荣	23	9	10	5		
刘焕林	24	6	6	3		
黄昌华	23	6	4	2		
石俊梭	24	3	4	2		
吴刘氏	24	6	6	3		
彭文高	24	5	2	1		
周锦忠	24	7	2	1		
彭文东	23	2	2	1		
皮太全	24	7	2	1		
彭文陆	23	8	2	1		
刘林顺	24	3	4	2		
刘邦海	24	9	2	1		
總計	24	9	4	2		

負責人簽章 ________ ________

10.

华西实验区铜梁县大庙乡治蝗工作总报告表及防治竹蝗奖纱登记表　9-1-235（12）

华西实验区铜梁县大庙乡治蝗工作总报告表及防治竹蝗奖纱登记表　9-1-235（13）

P. 6

中華平民教育促進會華西實驗區
竹蝗獎紗登記表

铜梁縣大庙鄉　　　　　　　　　　　　7月4日

姓名	保	甲	捕蝗數量（兩）	發紗數量（排）	指章	備註
罗帐才	24	9	10	5		
刘有[illegible]	24	9	6	3		
刘在庠	24	9	20	10		
唐天陶	23	1	4	2		
罗家兴	23	2	2	1		
刘久槐	23	4	14	7		
刘其贤	23	4	4	2		
刘家兴	23	5	2	1		
刘家民	23	2	2	1		
唐天良	23	7	8	4		
唐星有	23	9	2	1		

刘在成	22	8	10	5		
刘文才	23	1	6	3		
李大才	23	10	2	1		
石家發	22	6	2	1		
刘云亚	23	6	22	11		
金远富	23	4	6	3		
刘其荣	23	3	6	3		
胡文林	23	4	2	1		
石成余	24	1	6	3		
廖天伦	24	2	4	2		
刘仁论	23	1	2	1		
石家銀	23	1	2	1		
胡文东	23	1	4	2		
總計	23	5	2	1		

負責人簽章 ____________ ____________

11、

华西实验区铜梁县大庙乡治蝗工作总报告表及防治竹蝗奖纱登记表　9-1-235（13）

华西实验区铜梁县大庙乡治蝗工作总报告表及防治竹蝗奖纱登记表 9-1-235（14）

中華平民教育促進會華西實驗區

銅梁縣大庙鄉　竹蝗獎紗登記表　7月4日

姓名	保	甲	捕蝗數量（两）	發紗數量（排）	指章	備註
刘有才	23	2	8	4		
刘啟模	24	1	6	3		
吴刘氏	23	1	2	1		
黄昌金	24	5	2	1		
羅順祥	26	6	4	2		
吴欽扬	26	1	2	1		
張明亮	24	2	4	2		
吴占金	26	1	2	1		
吴厚兴	26	1	4	2		
刘啟一	15	4	6	2		
刘文才	25	1	6	3		

本18 總計			954	477		

負責人簽章 ________ ________

12.

华西实验区铜梁县大庙乡治蝗工作总报告表及防治竹蝗奖纱登记表　9-1-235（14）

华西实验区铜梁县大庙乡治蝗工作总报告表及防治竹蝗奖纱登记表　9-1-235（15）

P.1

中華平民教育促進會華西實驗區

铜梁縣大庙鄉　竹蝗獎紗登記表　七月5日

姓名	保	甲	捕蝗數量（兩）	發紗數量（排）	指章	備註
刘锡海	22	2	2	1		
刘锡宏	23	4	4	2		
刘鸿斛	23	4	4	2		
李正林	19	4	16	3		
刘荣万	24	6	2	1		
刘文林	23	4	6	3		
刘国忠	23	4	16	8		
段克堂	24	6	4	2		
王福多	24	6	4	2		
胡学荣	24	6	4	2		
刘锡仙	23	4	4	2		

刘在信	23	2	6	3		
刘在达	23	2	20	10		
〃〃樑	23	2	2	1		
〃锡元	23	2	8	4		
〃在芳	23	4	8	4		
郭必胡	24	4	2	1		
张厚祥	25	4	4	2		
李炅瑞	24	4	8	4		
刘殿聚	24	5	2	1		
汪法明	24	6	4	2		
李昌富	22	7	2	1		
李光富	22	7	2	1		
刘铭发	23	1	30	15		
總計						

負責人簽章 ________ ________

13.

华西实验区铜梁县大庙乡治蝗工作总报告表及防治竹蝗奖纱登记表　9-1-235（15）

华西实验区铜梁县大庙乡治蝗工作总报告表及防治竹蝗奖纱登记表　9-1-235（16）

P.2

中華平民教育促進會華西實驗區
竹蝗奬紗登記表

銅梁縣大廟鄉　　7月5日

姓名	保	甲	捕蝗數量（兩）	發紗數量（排）	指章	備註
罗彩元	24	3	2	1		
罗金林	24	3	2	1		
罗登林	24	3	4	2		
刘殿模	24	3	8	4		
〃〃富	24	3	6	2		
冉焕金	23	1	8	4		
石荣银	23	1	4	2		
李田富	23	1	2	1		
石炳文	23	1	2	1		
刘锦才	23	6	6	2		
李[illegible]氏	23	1	8	4		

柏海山	25	9	12	6		
杜在俊	23	2	2	1		
吴文发	22	1	6	3		
李正林	19	4	8	4		
唐天池	22	6	8	4		
胡锦燕	23	7	4	2		
李朝均	23	7	4	2		
吴陈氏	19	4	4	2		
胡锦章	23	2	6	3		
胡杜氏	23	2	4	2		
冷文海	23	4	2	1		
罗书廷	23	4	18	9		
孙国安	23	4	6	3		
總計						

負責人簽章 ________ ________

14.

华西实验区铜梁县大庙乡治蝗工作总报告表及防治竹蝗奖纱登记表 9-1-235（16）

华西实验区铜梁县大庙乡治蝗工作总报告表及防治竹蝗奖纱登记表　9-1-235（17）

P.3

中華平民教育促進會華西實驗區
铜梁縣大庙鄉　竹蝗獎紗登記表　7月5日

姓名	保	甲	捕蝗數量（兩）	發紗數量（排）	指章	備註
石宗賢	24	3	2	1		
晏姚氏	24	3	2	1		
郭必胡	〃	〃	2	1		
汪统名	〃	〃	6	3		
吴永福	25	1	6	3		
刘啟碧	26	2	2	1		
彭杜氏	23	4	2	1		
杜在信	〃	〃	8	4		
蒙炎高	24	3	2	1		
彭在桃	23	4	2	1		
皮克全	24	3	2	1		

彭錫勤	23	4	4	2		
全在貴	24	3	6	3		
彭盧氏	23	4	2	1		
李昌家	22	5	2	1		
彭錫有	23	4	2	1		
李興啟	22	5	2	1		
刘炎碧	22	5	2	1		
吳厚祥	25	4	2	1		
盧正福	24	3	6	3		
黃昌全	24	3	2	1		
彭在陽	23	4	8	4		
汪昌洪	26	2	8	4		
刘云清	26	2	2	1		
侯运年 總計	23	4	6	3		

負責人蓋章 ______________ ______________

15.

华西实验区铜梁县大庙乡治蝗工作总报告表及防治竹蝗奖纱登记表 9-1-235（18）

P.4

中華平民教育促進會華西實驗區
竹蝗奬紗登記表

銅梁縣大廟鄉　　　　7月5日

姓名	保	甲	捕蝗數量（兩）	發紗數量（排）	指章	備註
刘锡志	23	4	4	2		
〃〃贞	23	4	4	2		
石存家	24	6	2	1		
刘启模	26	2	10	5		
姜登模	24	3	4	2		
罗厚全		3	4	2		
刘锦才	23	4	2	1		
石存生	24	6	2	1		
刘锡性	23	4	22	11		
罗星元	24	3	2	1		
石存家	24	6	6	3		
[illegible]						

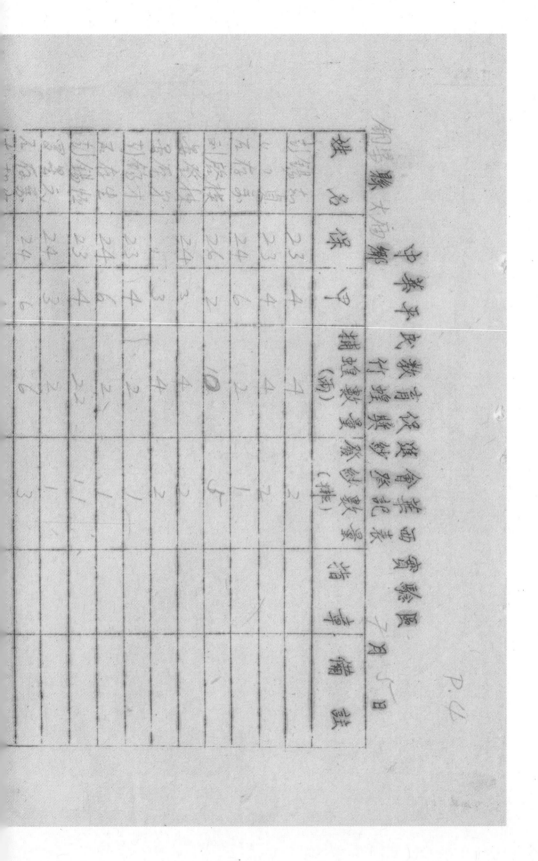

马怀宗	〃	〃	4	2		
刘元華	26	1	6	3		
石名江	24	6	2	1		
石家銀	24	6	4	2		
蒋昌学	24	6	2	1		
刘家良	23	4	10	5		
蒋刘氏	24	6	18	9		
唐大良	22	10	6	3		
刘有富	24	6	4	2		
石名高	24	6	2	1		
胡在明	23	4	12	6		
刘云海	23	9	4	2		
胡錦堂	23	4	24	12		
胡炳昌	24	6	4	2		
總計						

負責人簽章 ________ ________

16.

华西实验区铜梁县大庙乡治蝗工作总报告表及防治竹蝗奖纱登记表　9-1-235（18）

华西实验区铜梁县大庙乡治蝗工作总报告表及防治竹蝗奖纱登记表 9-1-235（19）

P.5

中華平民教育促進會華西實驗區

銅梁縣大廟鄉　竹蝗獎紗登記表　7月5日

姓名	保	甲	捕蝗數量（兩）	發紗數量（排）	指章	備註
李世明	9	7	2	1		
彭銘富	23	4	4	2		
〃〃定	〃	〃	4	2		
黃昌碧	22	7	10	5		
李貴發	22	1	2	1		
黃昌恆	24	2	2	1		
〃〃華	〃	〃	4	2		
謝在成	23	1	8	4		
陳远雲	22	4	12	6		
李世林	21	6	4	2		
呂家明	24	8	12.5	6		

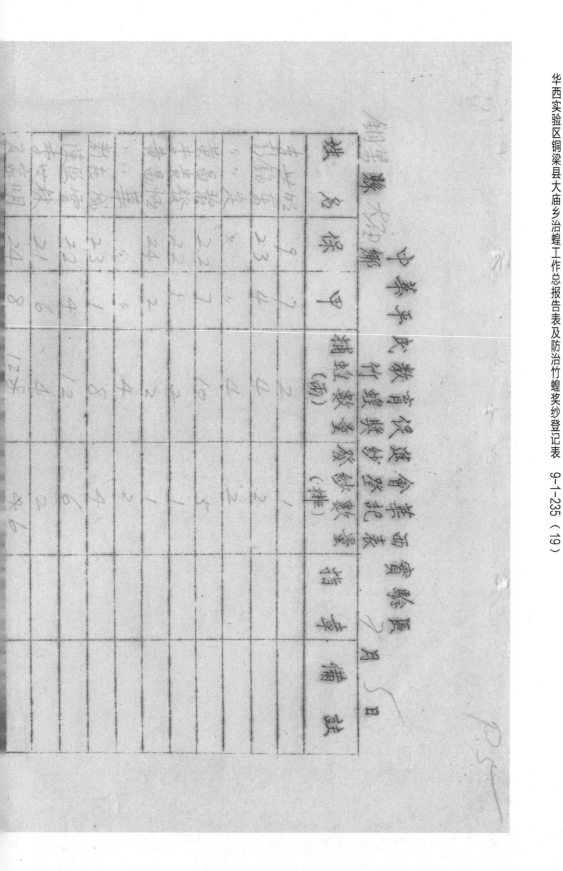

彭镕海	22	6	4	2		
陈昌之	24	4	4	2		
候大華	24	1	4	2		
彭镕云	23	4	4	2		
〃〃許	〃	〃	4	2		
伍yun海	22	6	2	1		
刘啟厚	24	6	4	2		
刘有向	24	6	2	1		
彭在富	23	4	2	1		
刘云碧	〃	〃	4	2		
刘有旭	26	2	2	1		
曾欣昌	23	4	10	5		
刘居恒	26	2	20	10		
彭在钦	23	4	2	1		
總計						

負責人簽章 ________ ________

17.

华西实验区铜梁县大庙乡治蝗工作总报告表及防治竹蝗奖纱登记表 9-1-235（19）

华西实验区铜梁县大庙乡治蝗工作总报告表及防治竹蝗奖纱登记表　9-1-235（20）

P.1

中華平民教育促進會華西實驗區

竹蝗獎紗登記表

銅梁縣大庙鄉　　7月6日

姓　名	保	甲	捕蝗數量（兩）	發紗數量（排）	指　章	備　註
劉云陵	23	1	4	2		
彭文志	23	5	4	2		
彭文梅	23	4	8	4		芒 3
吴胖氏	19	5	14	7		〃 3
彭在木	23	1	4	2		
彭在邦	24	1	4	2		
彭文輝	23	5	2	1		
彭杜氏	23	7	10	5		
彭文云	22	4	4	2		
彭文元	23	1	12	6		
彭杜氏	23	1	4	2		

彭文氏	23	4	2	1		
吴中生	19	2	2	1		
石明江	24	3	8	4		
刘伟成	24	4	6	3		
彭林彬	23	1	2	2		
彭林光	23	1	22	11		共4人
彭林全	23	1	14	7		〃4人
彭文尧	23	4	64	32		共5人
彭文同	23	2	6	3		
李世明	21	1	4	2		
彭志良	23	4	4	2		
叶堂钦	24	2	2	1		
李海良	23	1	14	7		
[illegible]元金	22	3	2	1		
總計			232	116		共41人

負責人簽章 ________ ________

18.

华西实验区铜梁县大庙乡治蝗工作总报告表及防治竹蝗奖纱登记表　9-1-235（20）

华西实验区铜梁县大庙乡治蝗工作总报告表及防治竹蝗奖纱登记表 9-1-235（21）

6.2

中華平民教育促進會華西實驗區

銅梁縣大廟鄉 竹蝗獎紗登記表 7月6日

姓名	保	甲	捕蝗數量（兩）	發紗數量（排）	指章	備註
任良本	23	4	16	8		三，2人
刘文斋	24	2	4	2		
李思明	23	1	12	6		
石永井	24	2	4	2		
李金林	24	8	2	1		
吴學倫	24	4	8	4		
石永忠	24	7	2	1		
陳昌文	24	3	6	3		
李道安	24	1	4	2		
侯大德	24	3	6	3		
吴俊祖	24	4	4	2		

朱全俶	21	10	2	1		
彭罗氏	19	5	6	3		
彭在恩	23	5	2	1		
彭作嘉	23	6	2	1		
彭东阳	23	5	8	4		
彭世仁	23	4	10	5		
吴胜北	19	2	2	1		
李正林	19	1	2	1		
李世鹏	21	2	2	1		
李世齐	21	9	6	3		
彭文海	21	1	4	2		
罗朝福	23	5	2	1		
侯彭程	23	10	16	8		
李兴鹏	21	9	2	1		
總計			164	82		共28人

負責人簽章 ________ ________

19.

华西实验区铜梁县大庙乡治蝗工作总报告表及防治竹蝗奖纱登记表　9-1-235（21）

华西实验区铜梁县大庙乡治蝗工作总报告表及防治竹蝗奖纱登记表 9-1-235（22）

6.3

中華平民教育促進會華西實驗區
铜梁縣大庙鄉 竹蝗獎紗登記表 7月6日

姓名	保	甲	捕蝗數量（兩）	發紗數量（排）	指章	備註
吴氏	23	4	2	1		
王金全	23	9	10	5		
葉坤均	24	6	6	3		
李友清	23	4	2	1		
刘安金	24	3	2	1		
石家明	24	6	6	3		
彭文才	23	4	10	5		共2个
彭亚贵	23	2	4	2		
黄应书	23	2	18	9		共2个
彭保清	24	5	8	4		
[illegible]	24	6	2	1		

欧瑞祥	22	6	8	4		
彭立信	23	2	6	3		
彭立生	23	2	8	4		
侯大奎	24	1	6	3		
石炎彰	26	4	2	1		
刘少华	21	3	2	1		
彭勤贞	23	4	6	3		
李荣浩	23	6	6	3		
石宗彰	23	4	2	1		
胡炳奎	20	6	8	1		
丁裕清	24	6	2	1		
李世明	22	3	2	1		
刘寿奎	24	1	2	1		
冯隆清	23	3	8	4		
總計 周国清	23	4	14	3		共4人
共計			154	77		共33人

負責人簽章 ________________ ________________

20.

华西实验区铜梁县大庙乡治蝗工作总报告表及防治竹蝗奖纱登记表　9-1-235（22）

华西实验区铜梁县大庙乡治蝗工作总报告表及防治竹蝗奖纱登记表 9-1-235（23）

6.4

中華平民教育促進會華西實驗區
竹蝗奬紗登記表

銅梁縣大廟鄉 7月6日

姓名	保	甲	捕蝗數量（兩）	發紗數量（排）	指章	備註
虞之全	24	9	2	1		
叶奎钦	24	9	4	2		
刘家興	23	4	20	10		共7人
蒋伟开	24	5	6	3		
蒋炳兴	24	6	8	4		
胡元义	24	5	2	1		
刘家良	23	4	10	5		
劉如木	24	3	8	4		
刘春木	24	2	8	4		
李昌富	22	1	4	2		
唐天海	22	2	18	9		共2人

彭文全	23	5	2	1		
罗彭福	23	5	4	2		
伍李清	22	7	2	1		
彭文才	23	4	10	5		
彭左芳	23	4	6	3		
罗克刚	23	5	34	17		共2个
吴正伦	20	6	14	7		"2个
刘其昌	23	4	24	12		"2个
彭文义	23	1	6	3		
彭汉清	24	5	14	7		"2个
雷正文	24	7	4	2		
雷正福	24	7	12	6		
雷正荣	24	7	8	4		
彭左卿	23	1	2	1		
總計			238	119		共402

負責人簽章 238

21.

华西实验区铜梁县大庙乡治蝗工作总报告表及防治竹蝗奖纱登记表 9-1-235（23）

华西实验区铜梁县大庙乡治蝗工作总报告表及防治竹蝗奖纱登记表 9-1-235（24）

p.5

中華平民教育促進會華西實驗區
竹蝗獎紗登記表

銅梁縣大庙鄉 7月6日

姓名	保	甲	捕蝗數量（兩）	發紗數量（排）	指章	備註
刘有旭	26	8	6	3		
刘兴群	26	4	2	1		
刘云虎	26	4	4	2		
罗克玉	23	6	32	16		去4^
刘兴先	24	4	10	5		〃2^
彭立芳	23	1	8	4		
彭立先	23	1	2	1		
刘云贵	23	1	6	3		
刘有利	24	2	6	3		
罗克恒	24	6	2	1		
安应全	24	7	4	2		

石佳齐	24	1	4	2		
石协模	24	3	6	3		
刘昭宣	24	4	4	2		
刘有家	24	7	4	2		
石成兴	26	1	2	1		
石家和	24	3	2	1		
石丙三	24	3	10	5		共3
刘云华	24	7	16	8		
王福贞	24	6	12	6		
郭以胡	24	7	4	2		
刘有才	24	6	2	1		
刘万文	24	5	4	2		
刘家良	23	4	6	3		
刘家荣	23	4	10	5		
總計			202	101		40

負責人簽章 ________ ________

22.

华西实验区铜梁县大庙乡治蝗工作总报告表及防治竹蝗奖纱登记表　9-1-235（24）

华西实验区铜梁县大庙乡治蝗工作总报告表及防治竹蝗奖纱登记表　9-1-235（25）

六6

中華平民教育促進會華西實驗區
竹蝗獎紗登記表

銅梁縣大庙鄉　　　　7月6日

姓名	保	甲	捕蝗數量（兩）	發紗數量（排）	指章	備註
蒋佳安	24	4	6	3		
胡学文	24	6	4	2		
胡炳堂	24	6	2	1		
丁树清	24	6	10	5		
雷正朝	24	4	14	7		共3人
李昌容	22	5	2	1		
雷正寿	24	4	8	4		
雷正文	24	4	4	2		
吴永清	25	1	4	2		
刘宗成	23	9	2	1		
陈天伦	22	3	12	6		共2人

石家银	23	3	4	2		
石家友	23	3	4	2		
石成章	23	3	2	1		
皮定全	24	6	2	1		
黄焕顺	24	4	2	1		
姜海友	24	4	2	1		
刘加坤	24	6	8	4		
刘加寿	24	6	4	2		
周光富	24	6	12	6		共3人
胡学辉	24	7	8	4		
何昌浩	26	9	18	9		共5人
肖银轩	24	7	2	1		
胡学全	24	7	4	2		
张加荣	26	9	2	1		
總計			148	74		共36人

負責人簽章

23.

华西实验区铜梁县大庙乡治蝗工作总报告表及防治竹蝗奖纱登记表 9-1-235（26）

中華平民教育促進會華西實驗區
竹蝗奬紗登記表

銅梁縣大庙鄉　　7月6日

姓名	保	甲	捕蝗數量（兩）	發紗數量（排）	指章	備註
彭鉴刚	23	4	10	5		共3人
陳昌之	24	1	4	2		
刘力强	26	3	6	2		
彭连德	23	6	2	1		
彭锡堂	23	7	4	2		
刘法凤	1	7	4	2		
李妙呈	22	6	6	3		
刘继模	24	6	2	1		
董新明	23	4	6	3		
李世林	21	7	4	2		
郭植文	25	4	2	1		

曾厚全	24	7	2	1		
詹天文	23	4	6	3		
詹思陈	22	10	24	12		共5人
刘瑞贤	23	4	6	3		
刘邦富	24	8	2	1		
刘瑞陆	24	8	6	3		
刘邦杨	24	8	8	4		
刘瑞顺	24	8	8	4		
陈海泉	25	8	4	2		
刘杨安	23	6	6	3		
彭锡璋	23	1	2	1		
彭吉显	23	8	8	4		
何运清	6	7	4	2		
曾乾福	23	3	4	2		
總計			148	74		共33人

負責人簽章 ______ ______

24.

华西实验区铜梁县大庙乡治蝗工作总报告表及防治竹蝗奖纱登记表 9-1-235（26）

华西实验区铜梁县大庙乡治蝗工作总报告表及防治竹蝗奖纱登记表 9-1-235（27）

1.

中華平民教育促進會華西實驗區
竹蝗奬紗登記表

銅梁縣大廟鄉 7月7日

姓名	保	甲	捕蝗數量(両)	發紗數量(排)	指章	備註
唐天貞	22	10	9	3		共2人
唐天良	22	10	3	1		
唐興有	22	10	3	1		
刘學文	26	4	3	1		
刘云清	26	4	3	1		
胡永福	25	9	6	2		
彭𠫤朝	23	6	6	2		
蔣錫良	24	8	6	2		
汪昌洪	26	9	9	3		共3人
彭錫中	23	1	3	1		
晏洪模	24	2	12	4		共3人

維瑞明	22	9	6	2		
涂光海	23	7	3	1		
庴天海	22	6	3	1		
李昌谷	22	6	3	1		
陳大嫂	21	10	3	1		
陳昌元	24	1	15	5		共四人
周在貴	24	1	3	1		
伍及模	23	4	64	29		共七人
彭夕燕	23	4	6	2		
彭在芳	23	4	6	2		
金在貴	24	1	3	1		
余　治	23	4	6	2		共三人
周在貴	24	1	3	1		
石明經	23	4	6	2		
總計						

負責人簽章 ________ ________

25.

华西实验区铜梁县大庙乡治蝗工作总报告表及防治竹蝗奖纱登记表　9-1-235（27）

华西实验区铜梁县大庙乡治蝗工作总报告表及防治竹蝗奖纱登记表　9-1-235（28）

2.

中華平民教育促進會華西實驗區

竹蝗奬紗登記表

銅梁縣大廟鄉　7月7日

姓　名	保	甲	捕蝗數量（兩）	發紗數量（排）	指　章	備　註
彭在桃	23	5	6	2		
李海林	12	2	12	4		[illegible]
刘昌本	12	2	6	2		〃
柏海林	12	2	9	3		〃
刘澤民	12	2	6	2		〃
周明貴	24	1	3	1		
汪德明	24	6	6	2		
汪龍德	24	6	6	2		
王福貞	24	7	3	1		
伍極模	23	4	3	1		共三人
罗光玉	23	5	9	3		共二人

彭世全	23	5	3	1		
彭在刚	23	5	6	2		
晏厚全	24	5	3	1		
刘银华	26	6	12	4		共四人
刘家银	23	5	9	3		共二人
唐兴明	23	6	3	1		
唐天文	22	10	6	2		
唐兴有	22	10	3	1		
曾顺海	11	10	12	4		共二人
李正林	19	4	6	2		共二人存二刀
刘家良	19	7	12	4		共四人存二刀
刘全贤	19	7	6	2		存三刀
總計			363	121		85

負責人簽章 張代吉

26

华西实验区铜梁县大庙乡治蝗工作总报告表及防治竹蝗奖纱登记表 9-1-235（28）

华西实验区铜梁县大庙乡治蝗工作总报告表及防治竹蝗奖纱登记表 9-1-235（29）

3.

中華平民教育促進會華西實驗區
竹蝗獎紗登記表

銅梁縣大廟鄉 7月8日

姓名	保	甲	捕蝗數量（兩）	發紗數量（排）	指章	備註
唐天海	22	7	18	6		
李昌容	22	7	3	1		
羅光鈺	23	9	6	2		
刘召碧	24	5	3	1		
郭炳海	24	5	3	1		
邑元海	23	4	3	1		
彭厚云	22	5	6	2		
石成第	23	6	6	2		
李大才	23	1	3	1		
涂光海	23	1	3	1		

居兴明	25	1	12	4		
彭载聪	23	1	9	3		
周载昆	24	1	6	2		
李道宽	24	1	3	1		
陳昌元	24	1	3	1		
安榮吉	22	1	6	2		
彭庠云	23	1	3	1		
彭庠海	22	9	6	2		
陳大嫂	20	10	6	2		
汪龍德	20	1	3	1		
陳國恩	23	4	39	13		5人
彭庠梅	22	9	3	1		
汪昌红	26	9	12	4		2人
梁成貴	23	4	45	15		3人
刘有旭	26	8	6	2		

負責人簽章 ________ ________

27.

华西实验区铜梁县大庙乡治蝗工作总报告表及防治竹蝗奖纱登记表　9-1-235（29）

华西实验区铜梁县大庙乡治蝗工作总报告表及防治竹蝗奖纱登记表 9-1-235（30）

4,

中華平民教育促進會華西實驗區
竹蝗獎紗登記表

銅梁縣大廟鄉　　7月8日

姓名	保	甲	捕蝗數量（兩）	發紗數量（排）	指章	備註
張明著	26	9	3	1		
晏紅年	22	2	9	3		2人
彭席梅	24	9	23	1		
周載貴	24	1	26	2		
黄奇順	24	4	26	2		3人
黄福珍	25	6	16	2		
李世先	23	2	13	1		
彭席同	23	4	13	1		
彭席東	23	4	13	1		
石成彰	27	4	23	1		

李大嫂	22	4	2	6	2		
刘学文	26	4	3	6	2		
彭席言	23	4	4	9	3		二人
彭載揚	23	2	2	12	4		
刘賢碧	22	2	4	6	2		
唐天海	22	7	1	12	4		
蔡昌蕙	22	7	1	3	1		
刘習恆	24	6	3	3	1		
罗光玉	23	4	1	6	3		
彭席珍	23	4	1	3	1		
刘習恆	24	6	2	3	1		
柏海雲	12	2	1	6	2		復興鄉2人
刘澤明	12	2	1	3	1		
彭文聪	23	6	2	3	1		
彭在信	23	2	2	6	2		
總計							

負責人簽章 ________ ________

28.

华西实验区铜梁县大庙乡治蝗工作总报告表及防治竹蝗奖纱登记表　9-1-235（30）

华西实验区铜梁县大庙乡治蝗工作总报告表及防治竹蝗奖纱登记表　9-1-235（31）

5.

中華平民教育促進會華西實驗區
竹蝗奬紗登記表

銅梁縣大廟鄉　　　7月8日

姓名	保	甲	捕蝗數量（兩）	發紗數量（排）	指章	備註
陳昌元	24	1	6	2		
彭在陽	23	1	9	3		
罗瑞明	22	5 3	→	1		
刘習福	24	2 3		1		
郭少福	24	5 3		11		
汪德明	24	6 3		1		
王福珍	24	6 3		1		
罗光玉	23	2 3		5		
刘光亮	23	4 15		5		共三人
刘嘉新	23	4 15		1		共四人
刘[illegible]	24	2 3		1		

唐兴明	23	46		2		
李兴菊	22	56	→	3		
彭在芹	23	19		3		
汪昌红	26	99		1		
彭乡忠	23	13		1		
余远富	23	93		1		
彭乡志	23	43		1		
刘君菊	26	43		1		
張明菊	26	43		1		
安云吉	23	43		1		
周在貴	24	13		1		
李道寬	24	13		1		
唐天良	22	103		1		
唐兴甫 總計	22	106	→	2		

負責人簽章 ______ ______

29.

华西实验区铜梁县大庙乡治蝗工作总报告表及防治竹蝗奖纱登记表 9-1-235（31）

华西实验区铜梁县大庙乡治蝗工作总报告表及防治竹蝗奖纱登记表　9-1-235（32）

6.

中華平民教育促進會華西實驗區
竹蝗獎紗登記表

銅梁縣大廟鄉　7月8日

姓名	保	甲	捕蝗數量（兩）	發紗數量（綑）	指章	備註
冉長貴	23	3	24	8		共三人
陳昌元	24	1	9	3		
刘有旭	26	8	3	1		
周乡貴	24	1	3	1		
刘德壽	26	4	3	1		
李昌崇	22	10	3	1		
康兴良	24	1	3	1		
彭國恩	23	4	18	6		共五人
彭乡梅	23	4	3	1		
彭乡生	23	4	3	1		
彭乡全	23	4	3	1		

總計			588	196		117人

負責人簽章 ________ ________

30.

华西实验区铜梁县大庙乡治蝗工作总报告表及防治竹蝗奖纱登记表　9-1-235（32）

华西实验区铜梁县大庙乡治蝗工作总报告表及防治竹蝗奖纱登记表 9-1-235（33）

7.

中華平民教育促進會華西實驗區
竹蝗獎紗登記表

銅梁縣大廟鄉 7月9日

姓名	保	甲	捕蝗數量（兩）	發紗數量（排）	指章	備註
彭文海	22	9	12	4		二人
刘邦雲	26	7	9	3		
彭在芳	23	1	3	1		
唐天海	22	7	12	4		
晏厚明	24	5	6	2		
彭在貴	23	1	6	2		
彭文模	23	1	6	2		
陳昌元	24	5	3	1		
周在貴	24	5	6	2		
刘有才	24	6	12	4		共二人
彭本陽	24	2	12	4		共二人

刘姜全	11	1	18	6		復兴鄉共三人
刘水生	11	1	6	2		〃
刘正才	11	1	6	2		〃
刘述良	11	1	24	8		復兴鄉共五人
盧正福	24	4	6	2		
盧正文	24	4	6	2		
刘家良	23	4	15	5		共三人
刘家兴	23	4	9	3		
汪德明	24	4	9	3		
王福貞	24	4	3	1		
周明貴	24	5	3	1		
余述富	23	1	6	2		
陳昌云	24	5	3	1		
罗兴順	25	3	3	1		
總計						

負責人簽章 ________ ________

31.

华西实验区铜梁县大庙乡治蝗工作总报告表及防治竹蝗奖纱登记表　9-1-235（33）

华西实验区铜梁县大庙乡治蝗工作总报告表及防治竹蝗奖纱登记表 9-1-235（34）

8.

中華平民教育促進會華西實驗區

銅梁縣大廟鄉 竹蝗奬紗登記表 7月9日

姓名	保	甲	捕蝗數量（兩）	發紗數量（排）	指章	備註
彭夕忠	23	4	6	2		
周在明	24	1	3	1		
羅漢清	23	1	9	3		
彭夕福	23	1	18	6		廿三人
刘能德	24	8	6	2		
刘光秀	24	8	6	2		
彭夕燕	23	4	6	2		
彭夕東	23	4	3	1		
彭夕云	23	4	6	2		
刘貫碧	23	5	3	1		

總計			306	102		52

負責人簽章 ________ ________

32.

华西实验区铜梁县大庙乡治蝗工作总报告表及防治竹蝗奖纱登记表　9-1-235（34）

华西实验区铜梁县大庙乡治蝗工作总报告表及防治竹蝗奖纱登记表　9-1-235（35）

中華平民教育促進會華西實驗區
璧山縣大庙鄉　竹蝗獎紗登記表　7月9日

姓名	保	甲	捕蝗數量（兩）	發紗數量（排）	指章	備註
[illegible]正福	24	4	12	4		
蒋盧氏	〃	〃	6	2		
盧正文	〃	〃	3	1		
彭夕梅	23	1	3	1		
唐兴國	22	10	6	2		
丁樹清	24	6	6	2		
彭夕海	23	1	3	1		
伍元海	23	2	3	1		
丁在贵	24	6	3	1		
王存璧	24	6	3	1		
唐天海	22	7	24	8		

石家吝	24	1	15	5		
汪隆德	22	7	6	2		
陈大嫂	〃	7	6	2		
胡國恩	23	4	27	9		
罗克玉	〃	3	21	7		
刘家刚	〃	4	3	1		
伍及模	〃	4	126	42		
郭大嫂	〃	4	45	15		
刘家银	〃	4	3	1		
周克容	24	3	12	4		
[illegible]登清	22		3	1		
丁树清	24	6	3	1		
李世钊	25	4	6	2		
總計						

負責人簽章 ________ ________

33.

华西实验区铜梁县大庙乡治蝗工作总报告表及防治竹蝗奖纱登记表　9-1-235（35）

华西实验区铜梁县大庙乡治蝗工作总报告表及防治竹蝗奖纱登记表 9-1-235（36）

中華平民教育促進會華西實驗區

縣大廟鄉 竹蝗獎紗登記表 7月9日

姓名	保	甲	捕蝗數量（兩）	發紗數量（排）	指章	備註
李[illegible]	22	1	6	2		
〃〃[illegible]	〃	1	12	4		
陳昌元	24	3	6	2		
刘[illegible]	22	1	3	1		
王昌[illegible]	〃	1	3	1		
周在[illegible]	23	4	6	2		
石家登	24	3	3	1		
吴 氏	23	4	3	1		
彭夕斋	〃	4	3	1		
彭元模	〃	4	3	1		
李四朝	25	3	3	1		
宋和廷	[illegible]	6	78	26		

*总计			540	186		
富志洲	23	6	12	4		
石成筹	〃	8	6	2		
刘啟富	24	7	3	1		
晏厚兴	〃	4	3	1		
刘有才	〃	6	3	1		
郭必胡	〃	5	6	2		
王福贞	〃	5	6	2		
黄廷顺	〃	4	12	4		
胡在学	〃	4	3	1		
安云从	22	2	3	1		
總計						

負責人簽章 ____________ ____________

34.

华西实验区铜梁县大庙乡治蝗工作总报告表及防治竹蝗奖纱登记表　9-1-235（36）

华西实验区铜梁县大庙乡治蝗工作总报告表及防治竹蝗奖纱登记表 9-1-235（37）

中華平民教育促進會華西實驗區

縣大庙鄉　竹蝗奬紗登記表　一月9日

姓名	保	甲	捕蝗數量（兩）	發紗數量（排）	指章	備註
刘敵模	24	6	6	2		
彭在芳	23	1	9	3		
彭在芹	23	1	6	2		
余克海	23	1	3	1		
彭夕海	22	9	9	3		
唐兴明	23	8	15	5		
冯法容	24	9	12	4		
汪昌洪	26	9	6	2		
侯昌琮	22	6	9	3		
張明菊	26	9	6	2		
唐天文	22	10	6	2		
刘有旭	26	8	6	2		

陳昌元	〃	1	6	[illegible]		
彭夕貞	24	4	9	3		
羅治華	24	2	36	15		
蔣佳有	24	2	3	1		
総計			21[illegible]	71		
彭夕富	23	1	15	5		
唐兴明	23	1	6	2		
刘啟楧	24	6	9	3		
刘銀貴	23	4	12	4		
刘家良	23	4	27	9		
唐兴國	22	10	3	1		
總計						

負責人簽章 ______ ______

35

华西实验区铜梁县大庙乡治蝗工作总报告表及防治竹蝗奖纱登记表　9-1-235（37）

华西实验区铜梁县大庙乡治蝗工作总报告表及防治竹蝗奖纱登记表 9-1-235（38）

中華平民教育促進會華西實驗區
銅梁縣大廟鄉　竹蝗獎紗登記表　7月9日

姓名	保	甲	捕蝗數量（兩）	發紗數量（排）	指章	備註
廖兴有	23	10	3	1		
李光海	23	10	3	1		
余远富	24	1	3	1		
刘家良	23	1	57	19		
李星菊	23	7	12	4		
欧印和	22	1	9	3		
汪昌洪	22	7	9	3		
刘云華	23	9	12	4		
晏洪木	23	9	3	1		
刘有𤇆	19	8	9	3		
張明菊	22	9	6	2		

刘家臣	24	4	12	4		
陈大嫂	20	5	3	1		
罗兴顺	25	3	3	1		
刘家茂	23	4	9	3		
刘文银	25	5	3	1		
罗先玉	23	4	18	6		
刘文献	23	4	15	5		
李心泌	22	6	3	1		
刘文云	23	5	6	2		
冉焕然	23	7	24	8		
卢仲明	24	6	15	5		
卢仲文	24	6	6	2		
總計						

負責人簽章 ________ ________

36.

华西实验区铜梁县大庙乡治蝗工作总报告表及防治竹蝗奖纱登记表　9-1-235（38）

华西实验区铜梁县大庙乡治蝗工作总报告表及防治竹蝗奖纱登记表 9-1-235（39）

5

中華平民教育促進會華西實驗區

銅梁縣大庙鄉　竹蝗奬紗登記表　7月7日

姓名	保	甲	捕蝗數量（两）	發紗數量（排）	指章	備註
刘文忠	23	1	6	2		
蒋卢氏	24	5	6	2		
蒋付有	24	4	3	1		
徐志洲	23	8	3	1		
刘云祥			24	8		
吴炳金			45	15		
詹达金			8	2		
谭启太			44	14		
谢吉春			4	1		
赵焕章			7	2		
吴润吾			3	1		

郭泛山			3	1		
趙甪富			3	1		
柏炳昆			4	1		
陳貴云			6	2		
周炳光			3	1		
晏甪富			31	10		
周述良			25	8		
谢華高			39	13		
郭俗良			30	10		
柏紫清			130	43		
趙宏成			6	2		
総計			432	140		
合 日 ~~總~~ 計			18183	606		

負責人簽章 ______ ______

37.

华西实验区铜梁县大庙乡治蝗工作总报告表及防治竹蝗奖纱登记表 9-1-235（40）

1.

中華平民教育促進會華西實驗區

銅梁縣大廟鄉　　竹蝗獎紗登記表　　7月10日

姓名	保	甲	捕蝗數量（兩）	發紗數量（排）	指章	備註
盧仲文	24	2	3	1		
刘安全	24	7	3	1		
[illegible]發新	22	10	27	9		
伍集模	23	5	144	48		
石恒荣	24	2	3	1		
石家英	24	5	3	1		
陈富容	24	4	3	1		
胡在廷	23	1	6	2		
刘绍模	24	6	6	2		
胡文信	23	1	3	1		
胡文祥	23	1	3	1		

刘玉華	26	9	9	3		
刘大華	26	9	6	2		
周克容	24	3	15	5		
刘海清	23	1	3	1		
刘能清	24	8	3	1		
刘邦海	24	8	3	1		
孔成系	23	1	3	1		
刘贵悠	22	1	3	1		
刘常玄	23	1	12	4		
李必甫	22	5	3	1		
但元海	23	6	3	1		
李實必	22	2	3	1		
徐钊林	22	1	6	2		
總計	23	1	3	1		

負責人簽章 ________ ________

38.

华西实验区铜梁县大庙乡治蝗工作总报告表及防治竹蝗奖纱登记表 9-1-235（41）

2.

中華平民教育促進會華西實驗區

銅梁縣大廟鄉 竹蝗獎紗登記表 7月10日

姓名	保	甲	捕蝗裹量（兩）	發紗數量（排）	指章	備註
石家明	24	1	6	2		
罗剑和	24	2	12	4		
冉焕然	23	1	3	1		
刘在新	23	1	3	1		
石炳三	24	2	15	5		
刘家良	23	4	15	5		
罗光玉	23	4	39	13		
胡清云	24	4	9	3		
郭心福	24	5	3	1		
刘嘉新	23	4	6	2		

刘席珩	23	4	9	3		
刘席宗	23	1	6	2		
吴 特	23	4	6	2		
刘法高	26	6	3	1		
刘吉華	26	5	6	2		
刘元清	26	9	9	3		
李世彰	25	3	3	1		
刘嘉明	23	4	6	2		
刘邦秀	24	8	12	4		
刘能法	24	8	12	4		
刘在成	23	4	15	5		
刘多福	23	3	6	2		
周在民	24	1	9	3		
刘文云	23	4	6	2		
聂紹真 總計	24	1	12	4		

負責人簽章 ________ ________

39.

华西实验区铜梁县大庙乡治蝗工作总报告表及防治竹蝗奖纱登记表　9-1-235（41）

华西实验区铜梁县大庙乡治蝗工作总报告表及防治竹蝗奖纱登记表　9-1-235（42）

2.

中華平民教育促進會華西實驗區

銅梁縣大庙鄉　　竹蝗奬紗登記表　　7月10日

姓　名	保	甲	捕蝗數量（兩）	發紗數量（排）	指章	備註
但元海	23	2	3	1		
余遠富	23	1	15	5		
刘光梅	24	2	12	4		
罗治和	24	2	28	26		
刘有林	24	2	9	3		
李心碧	22	1	3	1		
刘贤必	22	1	6	1		
趙在方	23	1	36	12		
趙鄭氏	28	1	15	5		
彭在欽	23	1	15	5		
張明菊	26	9	9	3		

刘有学	26	8	6	2		
吴启第	24	3	6	2		
黄倉必	22	1	9	3		
汪龍城	22	7	6	2		
彭文云	23	4	3	1		
彭国恩	23	4	36	12		
刘有才	24	6	9	3		
彭文海	22	9	12	4		
刘贵碧	22	2	3	1		
李昭必	22	9	3	1		
彭文芳	19	5	6	2		
彭文中	23	1	9	3		
唐天海	22	7	27	9		
刘文[illegible] 總計	23	1	12	4		

負責人簽章 ____________ ____________

40.

华西实验区铜梁县大庙乡治蝗工作总报告表及防治竹蝗奖纱登记表　9-1-235（43）

4.

中華平民教育促進會華西實驗區
竹蝗奬紗登記表

銅梁縣大廟鄉　　7月10日

姓名	保	甲	捕蝗數量（兩）	發紗數量（排）	指章	備註
刘家良	19	7	117	39		4人
石明江	24	1	18	6		3人
彭玉琴	23	1	9	3		
石成万	23	4	6	2		
涂字州	23	2	12	4		
梁焕然	23	1	24	8		3人
刘启兰	26	9	9	3		2人
刘云侯	26	9	6	2		3人
刘家銀	23	5	96	32		6人
刘启贵	26	4	3	1		
沃德明	24	6	6	2		

华西实验区铜梁县大庙乡治蝗工作总报告表及防治竹蝗奖纱登记表　9-1-235（43）

刘家貴	23	5	9	3		
金在貴	24	2	3	1		
侯昌全	23	2	15	5		4人
陳宗唐			3	1		
葉志生			3	1		
戴宗邦			6	2		
刘炳安			3	1		
袁述林			6	2		
郭洪生			6	2		
周志昌			3	1		
周述良			3	1		
游绍良			9	3		
董天貴			3	1		
俞炳宣			3	1		

負責人簽章 ＿＿＿＿＿ ＿＿＿＿＿

41.

华西实验区铜梁县大庙乡治蝗工作总报告表及防治竹蝗奖纱登记表 9-1-235（44）

中華平民教育促進會華西實驗區

銅梁縣大庙鄉 竹蝗奬紗登記表 7月10日

姓名	保	甲	捕蝗數量（两）	發紗數量（排）	指章	備註
黄经良			3	1		
刘云華			3	1		
吕祖凤			3	1		
葉洪章			3	1		
秦棟樑			8	2		
刘启富			3	1		
陈文云			12	4		
陈文華			3	1		
柏友云			6	2		
刘启福			3	1		
胡云堂			6	2		

李文金			3	1		
郑荣富	13	10	3	1		
郑文安	13	10	3	1		
郑述之	13	10	3	1		
周焕春	7	9	3	1		
田時文	8	1	3	1		
周友厚	8	1	3	1		
郑先权	13	10	3	1		
周荣权	13	5	3	1		
陈富谷	7	8	3	1		
朱明绍	7	5	3	1		
黄三和	8	2	3	1		
李文启			6	2		
刘云章 總計	12	1	3	1		

負責人簽章 ________ ________

42.

华西实验区铜梁县大庙乡治蝗工作总报告表及防治竹蝗奖纱登记表 9-1-235（45）

6

中華平民教育促進會華西實驗區
銅梁縣大庙鄉 竹蝗奬紗登記表 7月10日

姓名	保	甲	捕蝗數量（两）	發紗數量（排）	指章	備註
刘長清	12	1	3	1		
周炳南	8	2	3	1		
谷春丑	8		3	1		
李文全			3	1		
刘云高	8	6	3	1		
張炳云	12	7	3	1		
刘松林	12	7	9	3		
董 云	8	5	9	3		
董致万	5		6	2		
刘述贞	8		3	1		
李述安	8	7	6	2		

[illegible]	11	7	[illegible]			
譚路模	12	8	48	16		
唐炳成	12	7	6	2		
刘路村	9	2	3	1		
刘云田	7	2	3	1		
叶朝禧	5	2	9	3		
古德明	4	1	3	1		
傅海江	4	7	3	1		
傅远氏	4	7	3	1		
傅楝槐	4	7	3	1		
肖海云	4	3	3	1		
傅中平	4	6	63	1		
谢海清	9	6	216	2		
總計 谢明贵 左炳祥	13/12 8/12	10 2	231 3	7 1		

負責人簽章 ________ ________

43.

华西实验区铜梁县大庙乡治蝗工作总报告表及防治竹蝗奖纱登记表　9-1-235（45）

华西实验区铜梁县大庙乡治蝗工作总报告表及防治竹蝗奖纱登记表 9-1-235（46）

7.

中華平民教育促進會華西實驗區
竹蝗奬紗登記表

銅梁縣大廟鄉　　7月10日

姓名	保	甲	捕蝗數量（兩）	發紗數量（排）	指章	備註
鄭采耀	13	10	18	6		
刘乐青	10	2	3	1		
梁炳貴	10	2	6	2		
譚殿樓	11	7	15	5		
肖必樑	7	7	3	1		
鄭文華	12	8	78	26		
陳云光	7	3	6	2		
陳仲福	7	7	3	1		
秦昭云	7	1	12	4		
黄金良	7	4	6	2		
陳云[illegible]			3	1		

华西实验区铜梁县大庙乡治蝗工作总报告表及防治竹蝗奖纱登记表　9-1-235（46）

文华云	12	5	15	5		
杨明高	10		3	1		
刘昌海			3	1		
陈金和			3	1		
董人生	8		3	1		
董佑生	8		3	1		
刘冬林	10		3	1		
莫金山	12		6	2		
苟海良			3	1		
苟文周			3	1		
黄子喜			3	1		
肖炳才			3	1		
向在云			3	1		
袁心評（總計）			6	2		
苟夫五	10		3	1		

負責人簽章 ________ ________

244.

华西实验区铜梁县大庙乡治蝗工作总报告表及防治竹蝗奖纱登记表　9-1-235（47）

8

中華平民教育促進會華西實驗區
竹蝗獎紗登記表

銅梁縣大庙鄉　　　　7月10日

姓名	保	甲	捕蝗數量（兩）	發紗數量（排）	指章	備註
葉永清			6	2		
肖秀恒	10	3	3	1		
刘炳云			3	1		
刘林周			3	1		
刘忠良			15	5		
〃昌海			3	1		
〃国良			39	13		
曹顺全			12	4		
〃洪一			2	0		
胡治良			3	1		
刘大章			6	2		

[illegible]			[illegible]	1		
刘友林			2	0		
刘陆移			3	1		
陈太春			6	2		
苟精向			3	1		
田海金			18	6		
陈甫甫			3	1		
苟海林			1	0		
李海新			1	0		
吴政居			1	0		
刘上海			2	0		
余政才			1	0		
唐绍金			1	0		
陈亚海			3	1		
總計						

負責人簽章 ________ ________

45.

华西实验区铜梁县大庙乡治蝗工作总报告表及防治竹蝗奖纱登记表　9-1-235（47）

华西实验区铜梁县大庙乡治蝗工作总报告表及防治竹蝗奖纱登记表 9-1-235（48）

9

華西实驗区防治竹蝗奬紗登記表

銅梁縣第大庙輔導區　　鄉　　竹蝗防治隊　7月10日

姓名	保	甲	捕蝗數量（両）	發紗數量（排）	指章	備註
苟長模			3	1		
文能福			2	0		
肖良臣			1	0		
肖朝喜			3	1		
李炳心			1	0		
蔣華福			2	0		
李紹良			2	0		
苟炳全			3	1		
石成友			3	1		
苟方林			2	0		
肖體均			3	1		
宋[illegible]三			1	[illegible]		

两度会日						
總　計			2154	318		

負責人簽章 ________ ________

46.

华西实验区铜梁县大庙乡治蝗工作总报告表及防治竹蝗奖纱登记表　9-1-235（49）

華西実驗区防治竹蝗奬紗登記表

銅梁縣第一輔導區　大庙鄉　竹蝗防治隊　7月11日

姓名	保	甲	捕蝗数量（两）	發紗数量（排）	指章	備註
刘家彬	23	4	16	4		
胡文同	23	4	4	1		
李树然	22	9	4	1		
刘大華	26	3	4	1		
汪昌仁	26	3	12	3		
石成芳	〃	3	4	1		
黄树云	〃	7	16	4		
刘有旭	〃	8	4	1		
胡文貞	23	4	8	2		
張金树	26	8	12	13		
陵先全	24	7	4	1		
王朝野	〃	6	[illegible]	4		

卢应明	24	4	12	3		
蒋付有	〃	〃	4	1		
卢石斌	〃	4	8	2		
粤汉模	〃	7	12	3		
刘启明	26	8	4	1		
刘有利	24	6	8	2		
刘邦炳	26	2	16	4		
石家全	24	9	4	1		
但进海	23	4	88	22		
但反模	23	4	4	1		
卢正才	19	2	40	10		
卢正源	〃	2	4	1		
刘正权	23	4	4	1		
周英生	22	9	8	2		
總　計			4			

負責人簽章 ______ ______

47.

华西实验区铜梁县大庙乡治蝗工作总报告表及防治竹蝗奖纱登记表　9-1-235（49）

华西实验区铜梁县大庙乡治蝗工作总报告表及防治竹蝗奖纱登记表　9-1-235（50）

华西实验区防治竹蝗奖纱登记表

铜梁县第一辅导区大庙乡　　竹蝗防治队　7月11日

姓名	保	甲	捕蝗数量（两）	发纱数量（排）	指章	备注
彭汝书	23	4	4	1		
〃又书	23	4	4	1		
〃在湘	23	5	4	1		
〃汝全	23	4	4	1		
〃在莲	23	4	8	2		
罗治华	24	5	8	2		
刘家全	24	5	4	1		
石家明	24	1	4	1		
李树森	22	9	8	2		
刘荣魁	22	9	4	1		
曾合林	22	9	4	[illegible]		

蒋仕开	24	4	4	1		
刘有利	24	2	20	5		
罗兴庆	24	1	12	3		
罗志何	24	2	32	8		
李昌安	22	6	4	1		
李兴唐	22	6	4	1		
石加其	24	1	16	4		
贵厚祥	26	7	8	2		
張金良	23	3	16	4		
杨云山	26	4	4	1		
郭祥开	26	8	32	8		
張澤明	24	2	20	5		
石加良	23	4	12	3		
刘家科	23	4	16	4		
刘家良	23	4	4	1		
総　計						

負責人簽章 ________ ________

48.

华西实验区铜梁县大庙乡治蝗工作总报告表及防治竹蝗奖纱登记表　9-1-235（50）

华西实验区铜梁县大庙乡治蝗工作总报告表及防治竹蝗奖纱登记表 9-1-235（51）

P3

華西实驗区防治竹蝗奬紗登記表

銅梁縣第一輔導區 大庙鄉 竹蝗防治隊 7月11日

姓名	保	甲	捕蝗數量（两）	發紗數量（排）	指章	備註
彭國恩	23	4	8	2		
歐瑞祥	22	5	4	1		
彭文志	23	4	4	1		
胡清元	23	2	4	1		
汪龍佳	24	7	4	1		
張岸远	1	4	12	3		
唐夫海	22	7	16	4		
任元福	23	6	4	1		
周考家	24	4	4	1		
刘吴氏	26	7	4	1		
石家兴	24	6	8	2		
唐正胡	24	4	12	3		

王克明	23	11	24	6		
刘德顺	26	8	4	1		
石家荣	24	1	8	2		
彭在厚	23	9	4	1		
黄昌生	24	5	8	2		
刘在君	22	6	4	1		
黄昌恒	24	5	8	2		
〃〃钦	24	5	4	1		
欧瑞祥	25	5	4	1		
石家烽	24	5	4	1		
刘大荣	24	5	4	1		
石恒中	24	5	8	2		
刘家石	19	7	32	8		
刘家勤	23	4	20	5		
丁树臣	22	9	4	1		
郭祥亮	22	4	8	2		
向赵亚	19	2	12	3		
總計			984	246		

查旧

負責人簽章

49.

华西实验区铜梁县大庙乡治蝗工作总报告表及防治竹蝗奖纱登记表　9-1-235（51）

华西实验区铜梁县大庙乡治蝗工作总报告表及防治竹蝗奖纱登记表 9-1-235（52）

中華平民教育促進會華西實驗區
銅梁縣大廟鄉 竹蝗獎紗登記表 7月11日

姓名	保	甲	捕蝗數量（兩）	發紗數量（排）	指章	備註
[illegible]鳴仙	13	7	12	3		二人
[illegible]國禱	13	9	44	11		6人
余[illegible]存	13	7	32	8		5人
曾[illegible]海	11	10	12	3		2
罗庆云	9	1	16	4		
[illegible]	11	10	12	3		
[illegible]庆民	9	9	16	4		4人
刘[illegible]良	9	4	16	4		2人
[illegible]	13	9	9	3		6人
刘树良	4	8	4	1		
刘[illegible]	11	6	32	8		4人

[illegible]	4	8	4	1		
刘绍良	12	7	12	3		4人
刘绍川	12	7	16	4		3人
刘绍瑞	9	7	4 ~~16~~	1 ~~4~~		1人
罗代利			4	1		1人
王林树	9	7	4	1		1人
王孝佳	9	7	4	1		
總計			268	67		65人

負責人 蔡亭 ______ ______

50.

华西实验区铜梁县大庙乡治蝗工作总报告表及防治竹蝗奖纱登记表 9-1-235（52）

华西实验区铜梁县大庙乡治蝗工作总报告表及防治竹蝗奖纱登记表　9-1-235（53）

中華平民教育促進會華西實驗區
竹蝗獎紗登記表

铜梁縣大庙鄉　　　　　　　　7月11日

姓名	保	甲	捕蝗數量（兩）	發紗數量（排）	指章	備註
谷生倫	4	2	22	5		4人
刘成仙	8	8	8	3		1人
彭春初	11	7	24	6		12人
杨海云	12	10	28	7		5人
庞锡三	8	8	8	2		1人
廖厚宣	8	7	4	1		1人
郑炳辰	5	2	4	1		2人
李炳心	5	7	4	1		1人
罗桂兴	5	4	8	2		1
刘修云	4		4	1		1
王炳昌	5	4	16	4		2

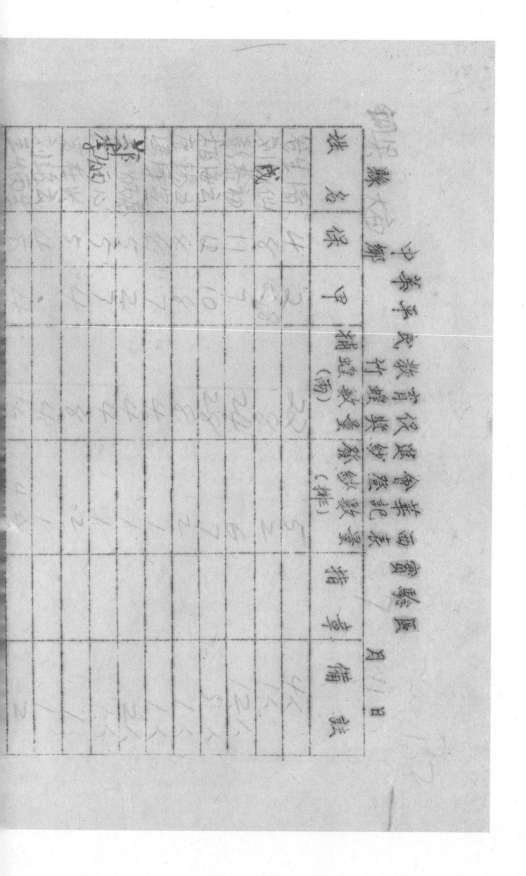

田清和	5	3	20	5		1
董　山	12	7	4	1		1
刘啟南	12	7	8 20	2 5		1
刘贵林	12	7	12 8	3 8		1
刘啟南	12	7	4	1		1
刘松林	12	7	12	3		1
總　計			220	55		32人

負責人簽章 ____________ ____________

51.

华西实验区铜梁县大庙乡治蝗工作总报告表及防治竹蝗奖纱登记表　9-1-235（54）

中華平民教育促進會華西實驗區

銅梁縣大廟鄉　竹蝗奬紗登記表　7月11日

姓名	保	甲	捕蝗數量（兩）	發紗數量（排）	指章	備註
刘[illegible]知	9	3	4	1		1人
谭[illegible][illegible]	8	1	4	1		1人
陈[illegible][illegible]	3	2	12	3		10人
田大[illegible]	8	1	4	1		1
刘树[illegible]	4	8	16	4		5人

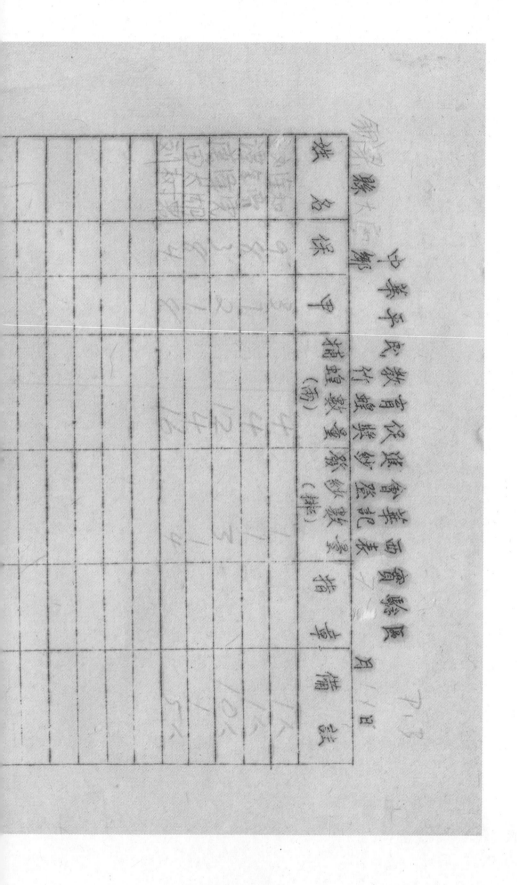

總計			40	10		X 181

負責人簽章 ________ ________

52.

华西实验区铜梁县大庙乡治蝗工作总报告表及防治竹蝗奖纱登记表　9-1-235（54）

华西实验区铜梁县大庙乡治蝗工作总报告表及防治竹蝗奖纱登记表　9-1-235（55）

中华平民教育促进会华西实验区
竹蝗奖纱登记表

铜梁县大庙乡　　　　7月12日

姓名	保	甲	捕蝗数量（两）	发纱数量（排）	指章	备註
黄昌碧	24	7	4	1		
彭锡臣	23	2	4	1		
欧瑞祥	23	2	4	1		
唐天海	22	7	36	9		3人
唐益金	22	7	4	1		
刘学海	1	1	8	2		
刘炳云	1	1	44	11		85人
李大才	23	2	4	1		
彭仕良	23	2	8	2		
黄昌碧	24	7	4	1		
[illegible]	[illegible]	[illegible]	[illegible]	[illegible]		[illegible]

刘泉良	19	7	28	7		4人
陈富文	21	5	12	3		
罗焕才	24	2	4	1		
杨永发	24	2	8	2		
彭文全	25	5	4	1		
刘有才	24	6	8	2		
罗焕有	24	2	4	1		
伍良模	23	4	168	42		8人
刘泉荣	23	4	72	18		4人
李学荣	22	2	4	1		
李学康	22	2	4	1		
刘云碧	23	4	4	1		
總　計						

負責人簽章 ____________ ____________

53.

华西实验区铜梁县大庙乡治蝗工作总报告表及防治竹蝗奖纱登记表　9-1-235（55）

华西实验区铜梁县大庙乡治蝗工作总报告表及防治竹蝗奖纱登记表 9-1-235（56）

中華平民教育促進會華西實驗區

铜梁縣大庙鄉 竹蝗獎紗登記表 7月12日

姓名	保	甲	捕蝗數量（兩）	發紗數量（排）	指章	備註
张玉良	23	2	24	6		2人
刘[illegible]	26	3	28	7		2人
叶[illegible]	26	3	8	2		
刘云[illegible]	26	3	20	5		2人
刘[illegible]	26	3	8	2		
江昌[illegible]	26	3	24	6		2人
李昌[illegible]	24	2	4	1		
廖文[illegible]	22	7	12	3		
彭文[illegible]	23	4	4	1		

P.5

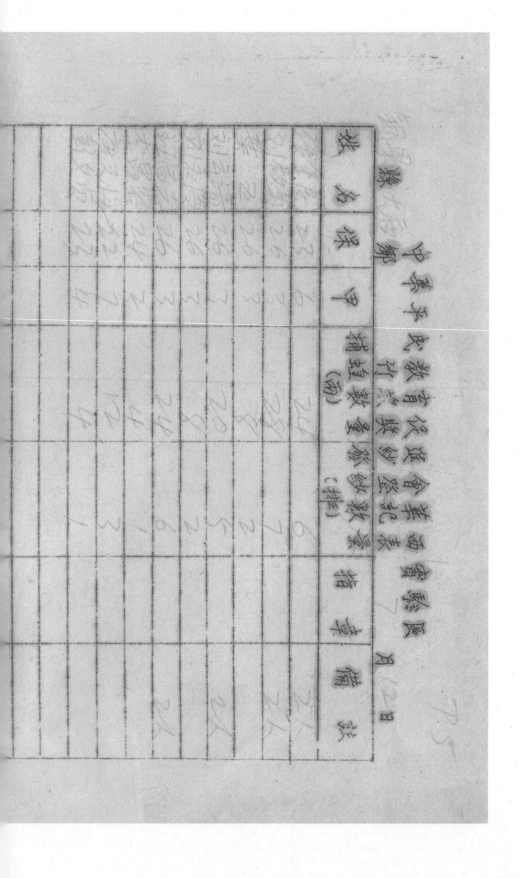

總計			624	156		611

負責人簽章 ________ ________

5-4.

华西实验区铜梁县大庙乡治蝗工作总报告表及防治竹蝗奖纱登记表　9-1-235（56）

华西实验区铜梁县大庙乡治蝗工作总报告表及防治竹蝗奖纱登记表 9-1-235（57）

P.6

中華平民教育促進會華西實驗區

铜梁縣大庙鄉 竹蝗奬紗登記表 7月12日

姓名	保	甲	捕蝗數量（兩）	發紗數量（排）	指章	備註
白焕扬	11	10	16	4		2人
刘徽良	11	3	156	39		10
刘荷高	11	3	60	15		6
杨志文	11	3	24	6		5
李国良	11	3	36	9		4
刘受文	9	9	8	2		
吴焕彬	24	9	32	8		
刘炳良	9	4	20	5		2
杨焕文	11	3	136	34		9
张树清	12	7	8	2		
[illegible]	[illegible]	7	[illegible]	[illegible]		[illegible]

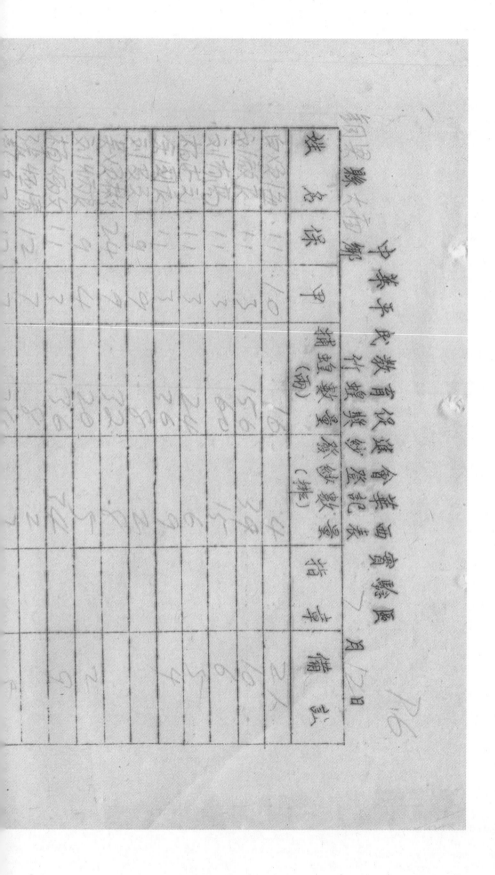

刘友全			16	4		
冯云林	11		12	3		
刘理堂			36	9		5
欧海云	12	7	12	3		
薛仁高	12		8	2		
李文发	12	7	12	3		
郑海云	12		8	2		
华俊林			8	2		
李文全	12	7	12	3		
彭述林			24	6		[illegible]
杨双全			12	3		
魏启发			20	5		
吴炳林			12	3		
總計						

負責人簽章 ________ ________

55.

华西实验区铜梁县大庙乡治蝗工作总报告表及防治竹蝗奖纱登记表 9-1-235（57）

华西实验区铜梁县大庙乡治蝗工作总报告表及防治竹蝗奖纱登记表　9-1-235（58）

中華平民教育促進會華西實驗區

铜梁縣大庙鄉　竹蝗獎紗登記表　7月12日

姓名	保	甲	捕蝗數量（兩）	發紗數量（排）	指章	備註
陈友全			12	3		
杨述全			8	2		
钟海云	11	7	152	38		10乙
刘志云			16	4		5乙
王述林	11	4	64	16		5乙
李高云			12	3		
杨永福	11	1	28	7		
刘正国	11		4	1		
刘正堂	11		40	10		
刘海全			20	5		
刘正才			16	4		4乙

[illegible]文云	12	8	128	32		25
刘[illegible]			4	1		
刘俊[illegible]			8	2		
田[illegible]方			64	16		23
杨海云			4	1		
高炳章			8	2		
杨廷华			4	1		21
杨幺云			16	4		
蒋德清			40	10		
罗海清			8	2		
[illegible]青白			20	5		
刘良清			4	1		
冯云清			12	3		21
總計						

負責人簽章 ________ ________

56.

华西实验区铜梁县大庙乡治蝗工作总报告表及防治竹蝗奖纱登记表　9-1-235（58）

华西实验区铜梁县大庙乡治蝗工作总报告表及防治竹蝗奖纱登记表　9-1-235（59）

P.8

中華平民教育促進會華西實驗區
竹蝗奬紗登記表

铜梁縣大庙鄉　　　　7月12日

姓名	保	甲	捕蝗數量（兩）	發紗數量（排）	指章	備註
李海青			4	1		2
谢焕荣			4	1		
金兴茂			8	2		
谢拔光			4	1		
谢焕全	3	7	4	1		
谢林森	3	2	4	1		
李海锡	3	1	32	8		31
安恩正	3	1	4	1		
荀海儒	48	6	20	5		
荀海友	48	5	4	1		
李大厦	48	5	4	1		
刘绍容	18	6	32	8		

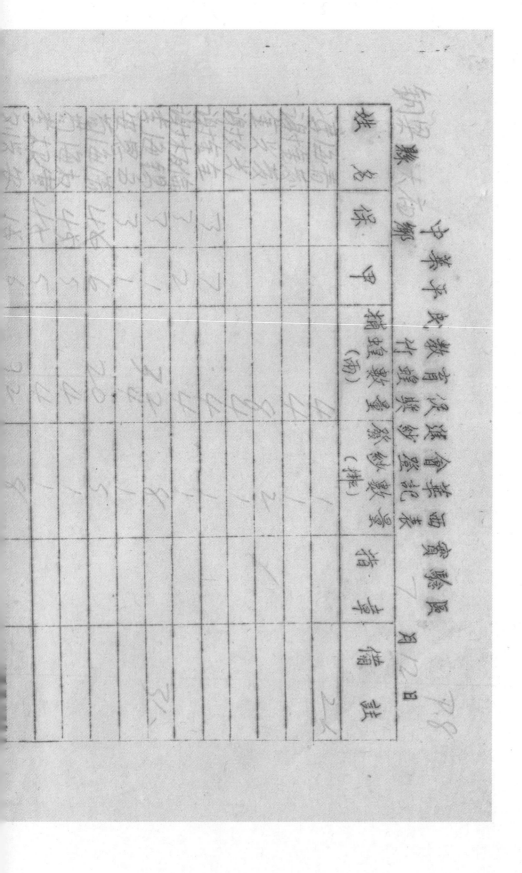

總計			1744	436		184

負責人簽章 ________ ________

57.

华西实验区铜梁县大庙乡治蝗工作总报告表及防治竹蝗奖纱登记表　9-1-235（59）

华西实验区铜梁县大庙乡治蝗工作总报告表及防治竹蝗奖纱登记表 9-1-235（60）

中华平民教育促进会华西实验区 P.9

铜梁县大庙乡 竹蝗奖纱登记表 7月12日

姓名	保	甲	捕蝗数量（两）	发纱数量（排）	指章	备注
陈焕南	23	4	40	10		3
石泽明	24	2	8	2		
石明良	24	2	12	3		
刘缘纲	23	4	24	6		2
罗炳腾	24	7	16	4		
李海林	24	2	40	10		7
刘怀绪	26	8	28	7		2
罗章瑞	24	6	12	3		
伍反模	23	5	~~128~~8	32		8
郭述倩	23	5	72	18		4
廖茂芳	23	6	52	13		3
罗先[illegible]	23	4	40	10		3

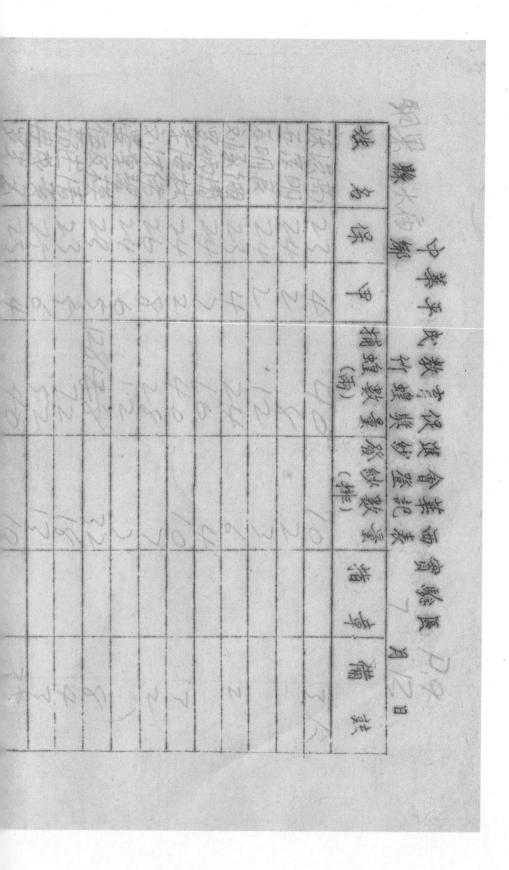

[illegible]	24	2	36	9		2
[illegible]	24	2	4	1		
石[illegible]忠	24	2	12	3		
彭[illegible]	23	4	4	1		
彭[illegible]	23	4	4	1		
彭[illegible]	23	4	4	1		
[illegible]	24	6	12	3		
石明治	24	5	16	4		
[illegible]	24	5	4	1		
陈[illegible]	21	9	20	5		21
彭[illegible]	23	1	4	1		
刘[illegible]	22	10	4	1		
總計						

負責人簽章 ______ ______

58.

华西实验区铜梁县大庙乡治蝗工作总报告表及防治竹蝗奖纱登记表 9-1-235（60）

华西实验区铜梁县大庙乡治蝗工作总报告表及防治竹蝗奖纱登记表 9-1-235（61）

R10
[illegible]

中華平民教育促進會華西實驗區竹蝗獎紗登記表

铜梁縣大庙鄉　　　　7月13日

姓名	保	甲	捕蝗數量（兩）	發紗數量（排）	指章	備註
李[illegible]荣	22	10	8	2		
潘[illegible]友	24	4	4	1		
石绍中	24	4	8	2		
彭[illegible]伦	23	5	8	2		
彭文先	23	2	4	1		
彭文[illegible]	23	2	4	1		
彭文[illegible]	23	4	8	2		
[illegible]	1	4	28	7		三人
[illegible]	23	6	4	1		
刘[illegible]	22	10	4	1		
李[illegible]	22	10	8	2		
彭[illegible]	22	4	8	2		

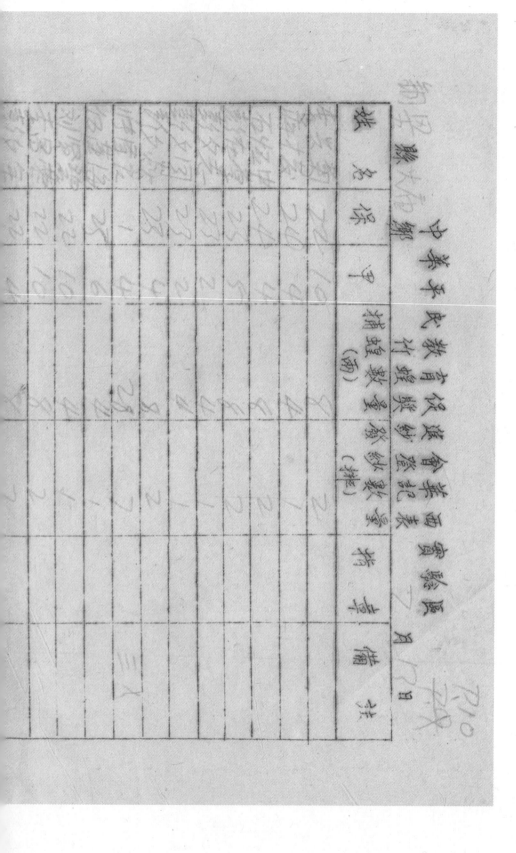

刘[illegible]	24	6	20	5		
庞天俊	22	7	32	8		2人
刘丙才	24	6	8	2		
王世明	23	8	16	4		
李万清	22	10	4	1		
王[illegible]	24	1	12	3		
王成云	25	4	40	10		3人
刘[illegible]	26	1	28	7		2人
刘[illegible]	26	1	8	2		
刘云清	26	1	8	2		
彭久同	36	4	4	1		
彭久[illegible]	23	4	4	1		
總計						

負責人簽章 ________ ________

69.

华西实验区铜梁县大庙乡治蝗工作总报告表及防治竹蝗奖纱登记表 9-1-235（62）

中華平民教育促進會華西實驗區

铜梁縣大庙鄉 竹蝗奬紗登記表 7月13日

姓名	保	甲	捕蝗數量（兩）	發紗數量（排）	指章	備註
[illegible]	23	1	4	1		5人
牛宗文	21	2	44	11		2
刘文[illegible]	23	4	20	5		
刘文[illegible]	23	4	8	2		
[illegible]	22	10	4	1		
[illegible]	22	10	4	1		4人
[illegible]	23	4	48	12		5人
[illegible]	23	5	116	29		8人
[illegible]	28	6	248	62		4人
[illegible]	23	9	140	35		
[illegible]	24	6	4	1		3人

[illegible]	[illegible]	[illegible]	[illegible]	[illegible]		
陈俊	23	6	40	10		3
[illegible]	23	6	4	1		
[illegible]	22	7	24	6		2
[illegible]	23	6	4	1		
[illegible]	21	4	24	6		2
[illegible]	22	5	4	1		
刘高才	23	5	8	2		
[illegible]	23	6	36	9		3
刘有田	24	7	8	2		
刘启本	24	7	16	4		
[illegible]	24	7	8	2		
[illegible]	24	7	4	1		
總計						

負責人簽章 ____________ ____________

60.

华西实验区铜梁县大庙乡治蝗工作总报告表及防治竹蝗奖纱登记表　9-1-235（62）

华西实验区铜梁县大庙乡治蝗工作总报告表及防治竹蝗奖纱登记表　9-1-235（63）

中華平民教育促進會華西實驗區
銅梁縣大廟鄉　竹蝗獎紗登記表　7月13日

姓名	保	甲	捕蝗數量（兩）	發紗數量（排）	指章	備註
刘[illegible]	23	6	4	1		
[illegible]	24	6	4	1		
刘文[illegible]	23	1	4	1		
刘文[illegible]	23	1	4	1		
[illegible]	23	1	48	12		[illegible]
刘文中	23	5	4	1		
陈[illegible]	23	5	8	2		
陈[illegible]	23	4	36	9		[illegible]
陈[illegible]	23	4	[illegible]	10		4
陈[illegible]	23	4	16	4		
刘[illegible]	9	7	32	8		2
[illegible]	[illegible]	[illegible]	[illegible]	[illegible]		

總計			2072	578		1582

負責人簽章 ________ ________

61.

华西实验区铜梁县大庙乡治蝗工作总报告表及防治竹蝗奖纱登记表　9-1-235（64）

中華平民教育促進會華西實驗區

铜梁縣大庙鄉　　竹蝗獎紗登記表　　7月13日

姓　名	保	甲	捕蝗數量（兩）	發紗數量（排）	指　章	備　註
刘正富	11	1	20	5		7
杨[illegible]	11	1	20	5		三
刘[illegible]全	11	1	20	5		2
丁[illegible]	11	1	16	4		2
刘[illegible]国	11	1	4	1		
[illegible]	6	2	20	6		5
刘有春	10	6	8	2		2
钟金林	10	2	4	1		1
[illegible]	12	6	4	1		1
[illegible]仲良	9	9	108	27		10
[illegible]仲[illegible]	13	4	8	2		3

杨启云	24	13	4	1		7
欧述云	9	4	12	3		1
何述云	10	9	4	1		2
李代云	5	9	20	5		2
陈文云	5	4	16	4		4
许文云	5	5	20	5		3
艾大斌	5	15	8	2		5
陈海云	7	3	12	3		1
郑云成	0	7	8	8		5
李炳云	9	5	4	1		1
徐梦彦	9	5	4	1		1
刘殿章	19	5	4	2		1
總計			376	94		84

負責人簽章 ________ ________

62.

华西实验区铜梁县大庙乡治蝗工作总报告表及防治竹蝗奖纱登记表　9-1-235（64）

华西实验区铜梁县大庙乡治蝗工作总报告表及防治竹蝗奖纱登记表　9-1-235（65）

中華平民教育促進會華西實驗區
竹蝗奬紗登記表

銅梁縣大庙鄉　　　　7月14日

姓名	保	甲	捕蝗數量（兩）	發紗數量（排）	指章	備註
[illegible]	24	1	8	2		
[illegible]	24	1	8	2		
[illegible]	24	1	24	6		
[illegible]	24	1	28	7		
[illegible]	24	1	16	4		
[illegible]	24	1	12	3		
[illegible]	24	1	24	6		
[illegible]	24	1	8	2		
[illegible]	24	6	8	2		
[illegible]	22	10	20	5		
[illegible]	[illegible]	[illegible]	[illegible]	[illegible]		

[illegible]	24	1	8	2		
罗[illegible]	24	1	16	4		
石[illegible]才	24	4	40	10		2[illegible]
刘[illegible]	23	2	4	1		
刘花莲	23	4	12	3		
孙白云	23	4	44	11		6
刘文[illegible]	24	2	8	2		
罗[illegible]	24	6	24	6		
王瑞[illegible]	26	7	4	1		4
杨[illegible]	26	7	8	2		
白[illegible]	26	7	16	4		2
杨[illegible]	25	5	8	2		3
王[illegible]	23	6	60	15		3
總計						

負責人簽章 ______ ______

63.

华西实验区铜梁县大庙乡治蝗工作总报告表及防治竹蝗奖纱登记表 9-1-235（66）

中華平民教育促進會華西實驗區

铜梁縣大庙鄉 竹蝗奬紗登記表 7月14日

姓名	保	甲	捕蝗數量（兩）	發紗數量（排）	指章	備註
何[illegible]	25	7	24	6		3
刘[illegible]	24	1	4	1		
刘[illegible]	24	1	4	1		1
刘[illegible]	23	4	72	18		5
[illegible]	24	4	4	1		
[illegible]	22	12	40	10		
刘[illegible]	24	2	8	2		
[illegible]	22	9	12	3		
刘[illegible]	22	10	40	10		2
何[illegible]	23	9	20	5		
刘[illegible]	19	2	[illegible]	[illegible]		

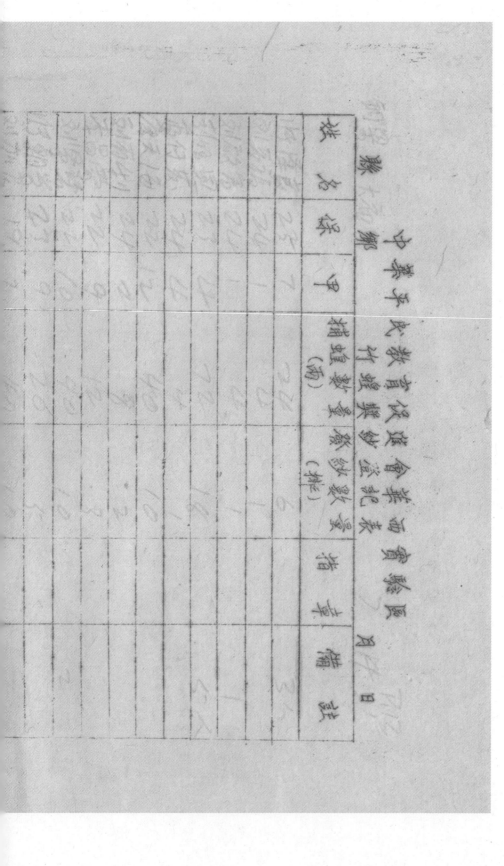

[illegible]	26	9	8	2		
[illegible]	22	4	20	5		
杨[illegible]	26	7	8	1		
[illegible]	26	2	8	2		
[illegible]	23	4	12	3		
[illegible]	23	1	8	2		
[illegible]	23	1	12	3		
[illegible]	23	5	24	6	1	
[illegible]	23	5	16	4		2
刘[illegible]	22	10	4	1		
[illegible]	22	10	4	1		
刘[illegible]	24	2	4	1		
[illegible]	23	5	116	29		53
總計						

負責人簽章 ________ ________

64.

华西实验区铜梁县大庙乡治蝗工作总报告表及防治竹蝗奖纱登记表　9-1-235（66）

华西实验区铜梁县大庙乡治蝗工作总报告表及防治竹蝗奖纱登记表　9-1-235（67）

P:14

中華平民教育促進會華西實驗區
銅梁縣大廟鄉　竹蝗奬紗登記表　7月14日

姓名	保	甲	捕蝗數量（兩）	發紗數量（排）	指章	備註
石家富	22	5	4	1		
[illegible]	24	5	96	24		6
周克荣	24	6	32	8		3
[illegible]	24	6	20	5		
[illegible]	23	9	4	1		
[illegible]	23	5	92	23		4
刘文交	23	2	60	15		6
[illegible]	21	6	4	1		
[illegible]	24	3	4	1		
刘南才	24	6	28	7		
[illegible]	23	[illegible]	[illegible]	[illegible]		6

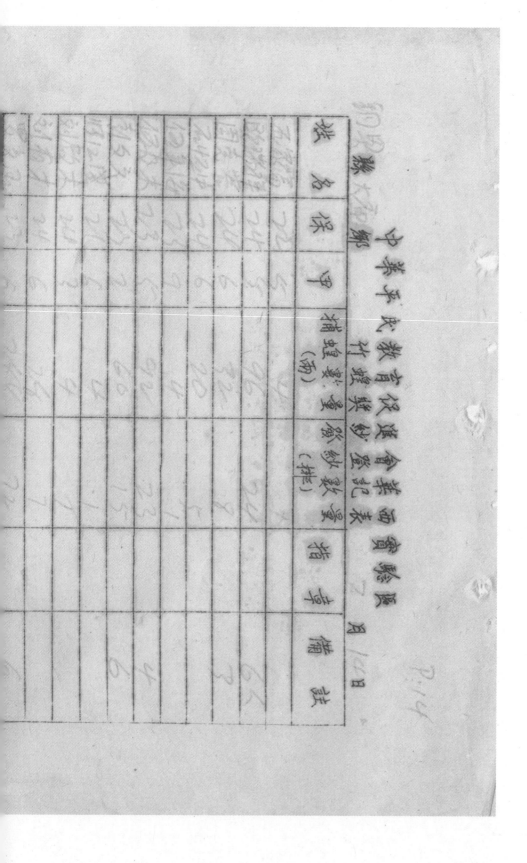

刘[illegible]	23	5	4	1		
[illegible]	23	7	32	8		5
[illegible]	24	2	4			
李大[illegible]	23	6	4			
王[illegible]三	23	7	144			64
刘[illegible]	23	5	4			
王[illegible]	23	5	32			4
何[illegible]	23	5	16			
刘[illegible]	24	5	4			
[illegible]	24	5	40			7
王[illegible]	24	5	8			
刘[illegible]	22	6	12			
刘[illegible]	26	8	4			
總　計						

負責人簽章 ________ ________

65.

华西实验区铜梁县大庙乡治蝗工作总报告表及防治竹蝗奖纱登记表　9-1-235（67）

华西实验区铜梁县大庙乡治蝗工作总报告表及防治竹蝗奖纱登记表 9-1-235（68）

中華平民教育促進會華西實驗區
竹蝗獎紗登記表

銅梁縣大廟鄉　　7月14日　P.15

姓　名	保	甲	捕蝗數量（兩）	發紗數量（排）	指　章	備　註
刘启家	24	5	8	2		
刘佳发	26	[illegible]	8	2		
刘启彬	26	[illegible]	4	1		
刘云陵	26	1	16	4		
刘石康	23	1	32	8		
唐天伦	22	7	12	3		
李昌荣	22	7	4	1		
刘启文	26	9	4	1		
刘昌富	26	9	20	5		3人
[illegible]	26	9	8	2		
刘启光	25	5	8	2		

[illegible]	[illegible]	[illegible]	[illegible]	[illegible]		
[illegible]	23	1	4	1		
[illegible]	22	5	144	11		3个
[illegible]	24	1	4	1		
[illegible]	26	1	4	1		
[illegible]	23	4	24	7		
[illegible]	22	4	144	11		3个
總　計			2400	600		43个

負責人簽章 ________ ________

66.

华西实验区铜梁县大庙乡治蝗工作总报告表及防治竹蝗奖纱登记表　9-1-235（68）

华西实验区铜梁县大庙乡治蝗工作总报告表及防治竹蝗奖纱登记表 9-1-235（69）

中華平民教育促進會華西實驗區
縣 大庙 鄉 竹蝗獎紗登記表 7月14日

姓名	保	甲	捕蝗數量（両）	發紗數量（排）	指章	備註
[illegible]	15	2	11	5		
彭述林	11	7	5	4		
刘炳良	[illegible]	10	5	2		
鄢国云	11	3	38	8		
刘国安	11	6	1			
杨述之	9	3	8	6		
王述林	9	3	11	5		
刘述良	11	3	5	2		
刘述清	11	1	6	4		
郑荣章	13	10	7	6		
邓述云	19	1	9	4		
[illegible]	11	4	7	2		

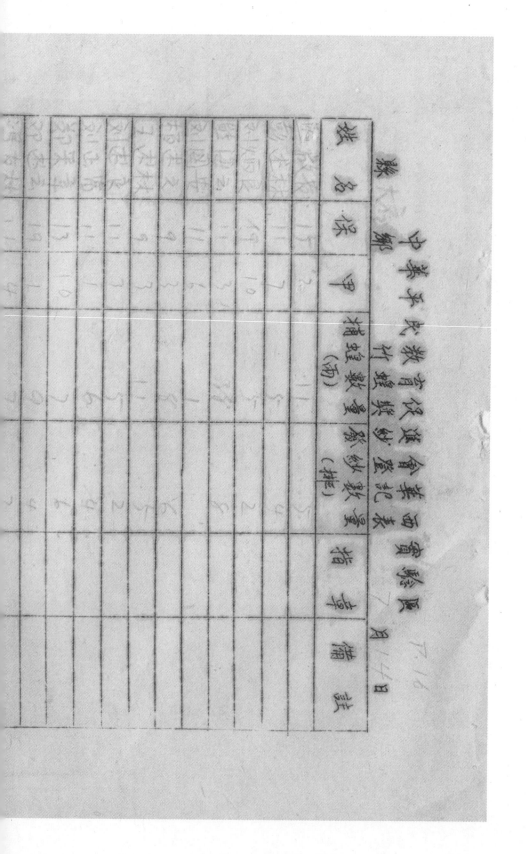

[illegible]	[illegible]	[illegible]	[illegible]	[illegible]		
刘[illegible]	11	4	5	3		
刘敬[illegible]	11	4	6	4		
刘育[illegible]	11	3	1			
刘[illegible]	11	1	19	10		
刘[illegible]	11	1	12	5		
李之[illegible]	12	7	3			
刘[illegible]	12	7	1			
刘[illegible]	11	2	12	8		
刘敬[illegible]	11	4	9	4		
钟[illegible]	11	2	4	4		
刘[illegible]	11	4	5			
總計						

負責人簽章 ________ ________

67.

华西实验区铜梁县大庙乡治蝗工作总报告表及防治竹蝗奖纱登记表 9-1-235（69）

华西实验区铜梁县大庙乡治蝗工作总报告表及防治竹蝗奖纱登记表 9-1-235（70）

P.17

中華平民教育促進會華西實驗區

铜梁縣大庙鄉 竹蝗奬紗登記表 7月14日

姓名	保	甲	捕蝗數量（兩）	發紗數量（排）	指章	備註
郑炳言	11	4	32	8		
刘知近	11	4	8	2		
刘永元	10	9	12	3		
杨万富	12	7	8	2		
杨友复	11	1	20	5		
刘友宾	11	4	20	5		
罗贤权	12	12	4	1		
罗炳君	11	1	32	8		
刘伟三	11	3	84	21		
刘汉田	11	1	36	9		
[illegible]	5	6	[illegible]	[illegible]		

[illegible]	[illegible]	[illegible]	8	2		
[illegible]炳成	12	7	12	3		
陈友全	12	2	12	3		
[illegible]远全	11	16	4	1		
刘[illegible]全	11	9	20	5		
刘炳安	11	9	16	4		
李中银	1	8	4	1		
刘贵全	5	16	4	1		
钟文全	2	11	24	6		
刘海明	13	5	4	1		
郑建云	10	7	4	1		
陈[illegible]	12	7	8	2		
刘忠林	12	7	20	5		
總計						

負責人簽章 ________ ________

68.

华西实验区铜梁县大庙乡治蝗工作总报告表及防治竹蝗奖纱登记表　9-1-235（70）

华西实验区铜梁县大庙乡治蝗工作总报告表及防治竹蝗奖纱登记表 9-1-235（71）

7.15

中華平民教育促進會華西實驗區

竹蝗奬紗登記表

铜梁縣大庙鄉 7月14日

姓名	保	甲	捕蝗數量（兩）	發紗數量（排）	指章	備註
[illegible]	12	7	16	4		
[illegible]	12	7	12	3		
[illegible]	12	7	12	3		
[illegible]	11	3	168	27		85
[illegible]	11	7	76	19		82
胡文全	25	1	4	1		
[illegible]	2	5	4	1		
[illegible]	5	5	16	4		
文海林	12	8	36	7		72
[illegible]	25	5	12	3		
[illegible]	25	5	20	5		

總計			1708	1098		1891

負責人簽章 ________ ________

69.

华西实验区铜梁县大庙乡治蝗工作总报告表及防治竹蝗奖纱登记表　9-1-235（71）

华西实验区铜梁县大庙乡治蝗工作总报告表及防治竹蝗奖纱登记表　9-1-235（72）

中華平民教育促進會華西實驗區

銅梁縣大廟鄉　竹蝗獎紗登記表　月15日

姓名	保	甲	捕蝗數量（兩）	發紗數量（桄）	指章	備註
[illegible]	24	1	44	11		[illegible]
[illegible]	24	1	32	8		[illegible]
[illegible]	24	1	52	13		24
[illegible]	23	1	12	3		
[illegible]	24	1	8	2		
[illegible]	24	1	8	2		
[illegible]	24	1	24	6		24
[illegible]	24	1	6	2		
[illegible]	24	1	12	3		
[illegible]	[illegible]	3	56	14		[illegible]
[illegible]	[illegible]	[illegible]	[illegible]	[illegible]		

[illegible]	22	4				
余[illegible]有			25	[illegible]		
[illegible]子	23	1	4	1		
石宗富	23	6	4	1		
石宗及	24	1	4	1		
劉啟榮	27	1	4	1		
劉啟才	24	6	12	7		
劉宗堯	26	9	5	2		
羅[illegible]吉	26	2	4	1		
石成[illegible]	28	1	8	2		
呂代[illegible]	26	7	4	1		
石[illegible]安	24	1	4	3		
劉布加	26	9	8	2		
總計						

負責人簽章 ________ · ________

70.

华西实验区铜梁县大庙乡治蝗工作总报告表及防治竹蝗奖纱登记表 9-1-235（73）

P.20

中華平民教育促進會華西實驗區
竹蝗奬紗登記表

銅梁縣 大廟鄉　　7月15日

姓名	保	甲	捕蝗數量（兩）	發紗數量（排）	指章	備註
李少才	25	6	4	1		
[illegible]	25	4	32	2		3人
[illegible]	23	10	12	3		
刘世云	23	2	16	4		
白[illegible]	26	1	12	3		
刘玉清	25	2	4	1		
刘永清	26	9	4	1		
刘德林	26	1	4	1		
杨昌之	26	9	8	2		
李昌林	24	1	4	1		
[illegible]	[illegible]	[illegible]	4	[illegible]		

华西实验区铜梁县大庙乡治蝗工作总报告表及防治竹蝗奖纱登记表　9-1-235（73）

總計

負責人

71.

华西实验区铜梁县大庙乡治蝗工作总报告表及防治竹蝗奖纱登记表 9-1-235（74）

中華平民教育促進會華西實驗區

[illegible]縣大庙鄉　竹蝗奬紗登記表　7月15日

姓名	保	甲	捕蝗數量（兩）	發紗數量（撚）	指章	備註
[illegible]	26	1	47	12		5人
刘[illegible]	26	1	110	10		3人
刘[illegible]	26	5	118	12		5人
罗[illegible]	23	6	80	20		8人
伍[illegible]	23	9	60	15		4人
刘[illegible]	23	9	4	1		
[illegible]	23	4	40	1		
刘[illegible]	23	4	5	10		4人
杨[illegible]	26	9	4	2		
刘[illegible]	23	1	4	1		
唐[illegible]	23	[illegible]	[illegible]	1		

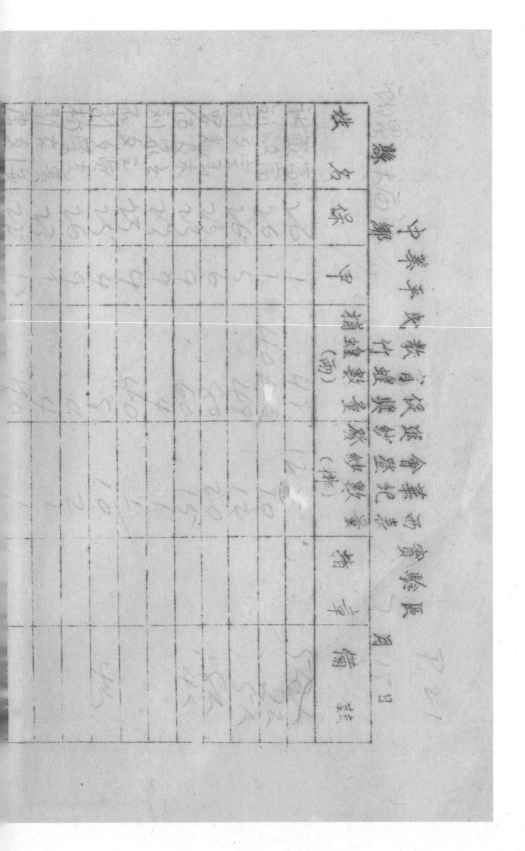

[illegible]	23	1	8	2		[illegible]
[illegible]	23	5	4	2		
刘[illegible]	23	4	4	1		
周[illegible]	24	5	4	1		
刘[illegible]	26	4	80	1		
周[illegible]	24	5	12	2		5
刘[illegible]	26	7	4 6	2 1		
總計			1020	255		916

負責人簽章 ________ ________

72.

华西实验区铜梁县大庙乡治蝗工作总报告表及防治竹蝗奖纱登记表　9-1-235（74）

华西实验区铜梁县大庙乡治蝗工作总报告表及防治竹蝗奖纱登记表 9-1-235（75）

中華平民教育促進會華西實驗區

铜梁縣大廟鄉 竹蝗獎紗登記表 7月15日

姓名	保	甲	捕蝗數量（兩）	發紗數量（排）	指章	備註
[illegible]	11	4	62	17		5人
[illegible]	25	5	4	1		
[illegible]	11	3	608	20		8
[illegible]	11	9	48	12		3
[illegible]	11	3	72	8		3
[illegible]	11	3	52	18		3
[illegible]	11	1	80	20		7
[illegible]	1	1	16	4		
[illegible]	1	1	16	4		
[illegible]	1	1	36	9		
[illegible]	[illegible]	[illegible]	[illegible]	7		[illegible]

[illegible]	11	[illegible]	80	[illegible]		[illegible]
[illegible]	11	1	[illegible]	56		[illegible]
[illegible]	11	6	24	6		
[illegible]	7	7	16	9		
[illegible]	11	4	22	5		2
[illegible]	11	3	4	7		
[illegible]	11	9	20	5		
[illegible]	11	9	25	6		4
[illegible]	11	5	36	9		
[illegible]	11	2	48	1		
[illegible]	11	7	8	2		
[illegible]	11	3	152	38		5
[illegible]	11	2	48	12		12
總計						

負責人簽章＿＿＿＿＿＿ ＿＿＿＿＿＿

73.

华西实验区铜梁县大庙乡治蝗工作总报告表及防治竹蝗奖纱登记表 9-1-235（76）

中華平民教育促進會華西實驗區

銅梁縣大廟鄉 竹蝗獎紗登記表 7月15日

姓名	保	甲	捕蝗數量（兩）	發紗數量（排）	指章	備註
[illegible]	11	9	36	9		
[illegible]	11	1	72	18		[illegible]
[illegible]	11	9	16	4		
[illegible]	12	3	84	21		5
[illegible]	11	8	24	6		
[illegible]	10	5	52	13		8
[illegible]	26	5	76	19		8
[illegible]	11	11	44	11		5
[illegible]	11	11	80	20		10
[illegible]	11	9	46	12		4
[illegible]	[illegible]	[illegible]	[illegible]	[illegible]		[illegible]

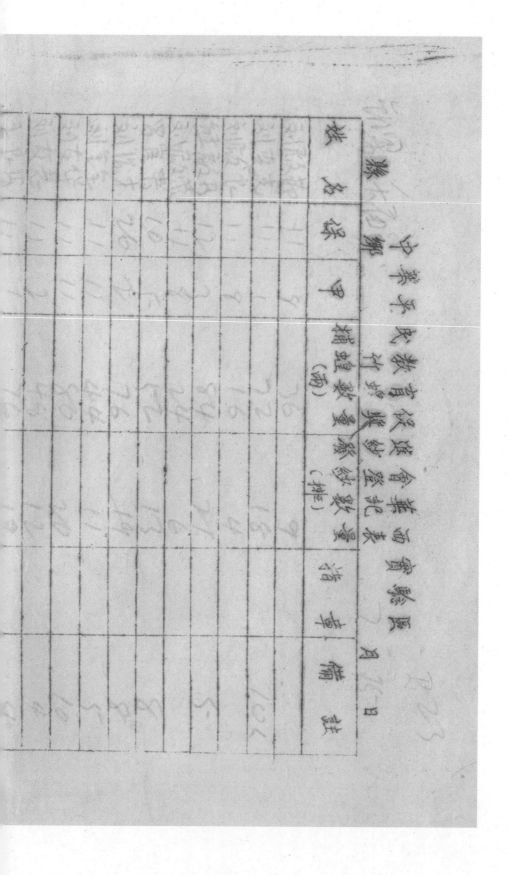

[illegible]	11	[illegible]	[illegible]	6		
[illegible]	11	2	50	13		3
[illegible]	11	4	48	12		2
[illegible]	11	4	45	17		
[illegible]	1	3	19	6		
[illegible]	2	13	8	2		2
[illegible]	11	6	8	4		
[illegible]	12	4	48	1		
[illegible]	1	4	8	3		4
[illegible]	7	7	60	15		
[illegible]	1	3	4	1		4
[illegible]	12	4	32	8		
[illegible]	1	2	204	5		4
總計						

負責人簽章 ________ ________

74.

华西实验区铜梁县大庙乡治蝗工作总报告表及防治竹蝗奖纱登记表　9-1-235（76）

华西实验区铜梁县大庙乡治蝗工作总报告表及防治竹蝗奖纱登记表 9-1-235（77）

中華平民教育促進會華西實驗區

銅梁縣大廟鄉 竹蝗奬紗登記表 7月15日

姓名	保	甲	捕蝗數量（兩）	發紗數量（排）	指章	備註
[illegible]	11	11	20	5		
[illegible]	11	11	40	10		
杨良三	11	1	16	4		
[illegible]	11	3	12	3		
[illegible]	12	7	20	5		
[illegible]	12	7	24	1		
[illegible]	11	7	4	1		
[illegible]	11	7	12	3		
[illegible]	10	7	40	10		
[illegible]	10	7	4	1		
[illegible]	10	7	48	12		

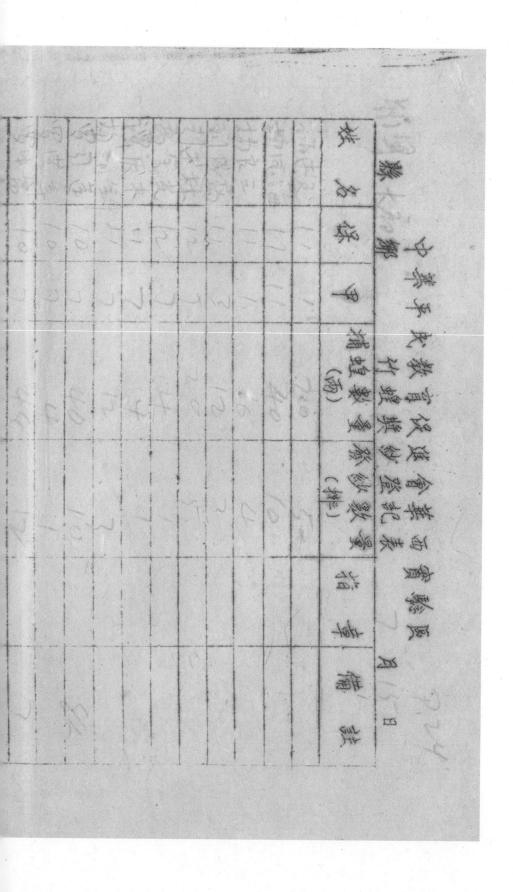

李暇林	11	10	64	1		
葉炳云	11	9	4	1		
何明臣	13	4	32	8		
刘少南	13	2	28	7		
黄日云	12	2	212	5		
刘炳林	2	7	4	1		
郭有民	2	7	16	4		
刘元白	12	2	4	1		
黄福田	8	7	24	6		
李家云	8	1	4	1		
肖金成	8	8	4	1		
陈宗云	8	2	4	1		
總計						

負責人簽章 ________ ________

75.

华西实验区铜梁县大庙乡治蝗工作总报告表及防治竹蝗奖纱登记表　9-1-235（77）

华西实验区铜梁县大庙乡治蝗工作总报告表及防治竹蝗奖纱登记表 9-1-235（78）

中華平民教育促進會華西實驗區
銅梁縣大廟鄉　竹蝗獎紗登記表　7月15日

姓名	保	甲	捕蝗數量（兩）	發紗數量（排）	指章	備註
周福之	8	3	12	3		
[illegible]	8	3	12	3		
[illegible]	8	3	12	1		

P.25

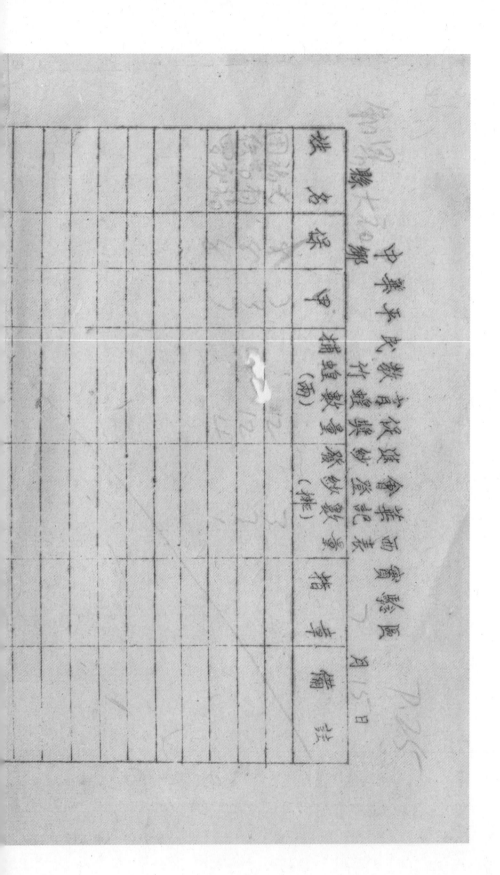

總計			2768	692		2316

負責人簽章 ______________ ______________

76

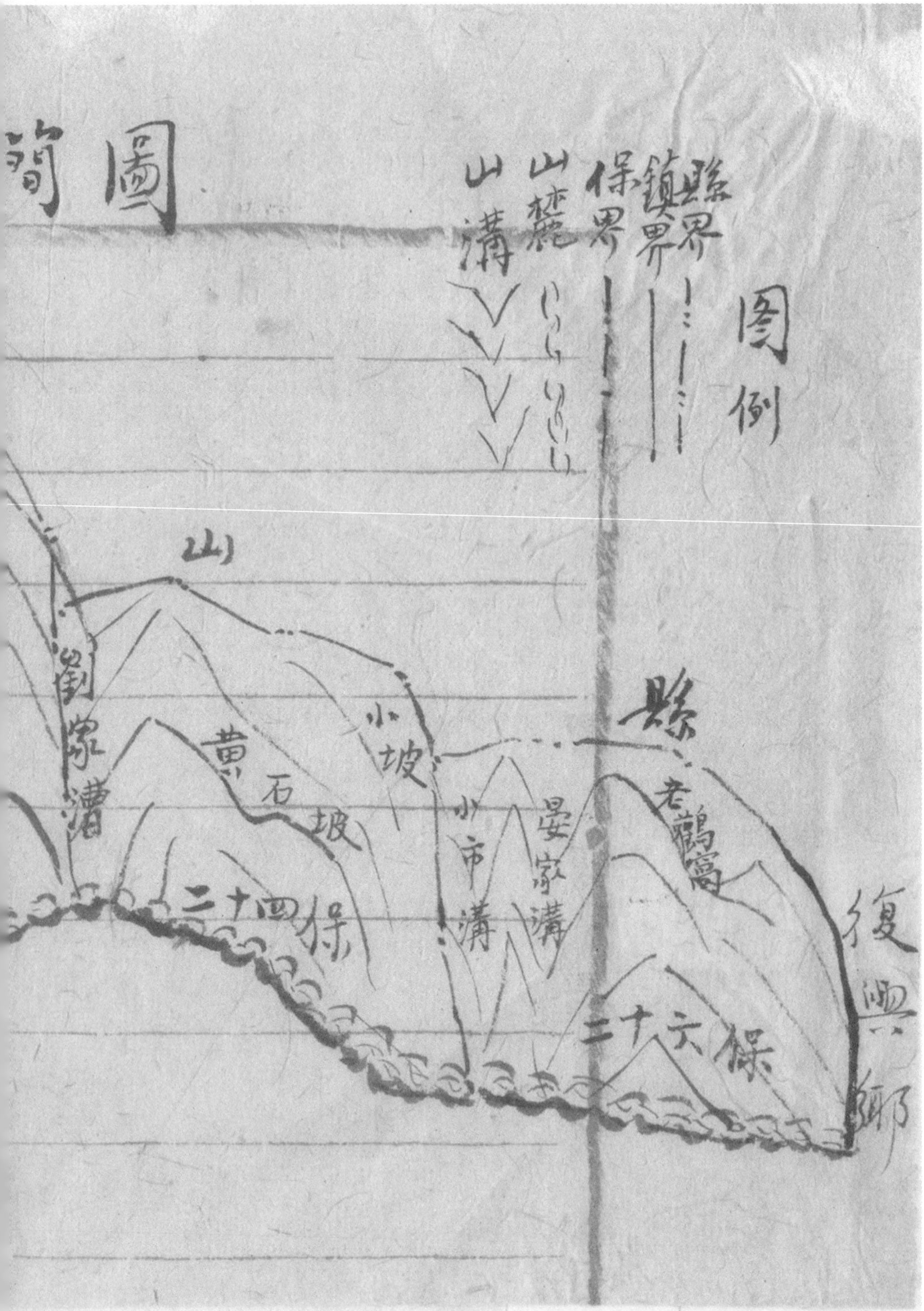

华西实验区铜梁县大庙乡竹蝗区域简图　9-1-234（13）

华西实验区铜梁县大庙乡竹蝗区域简图　9-1-234（13）

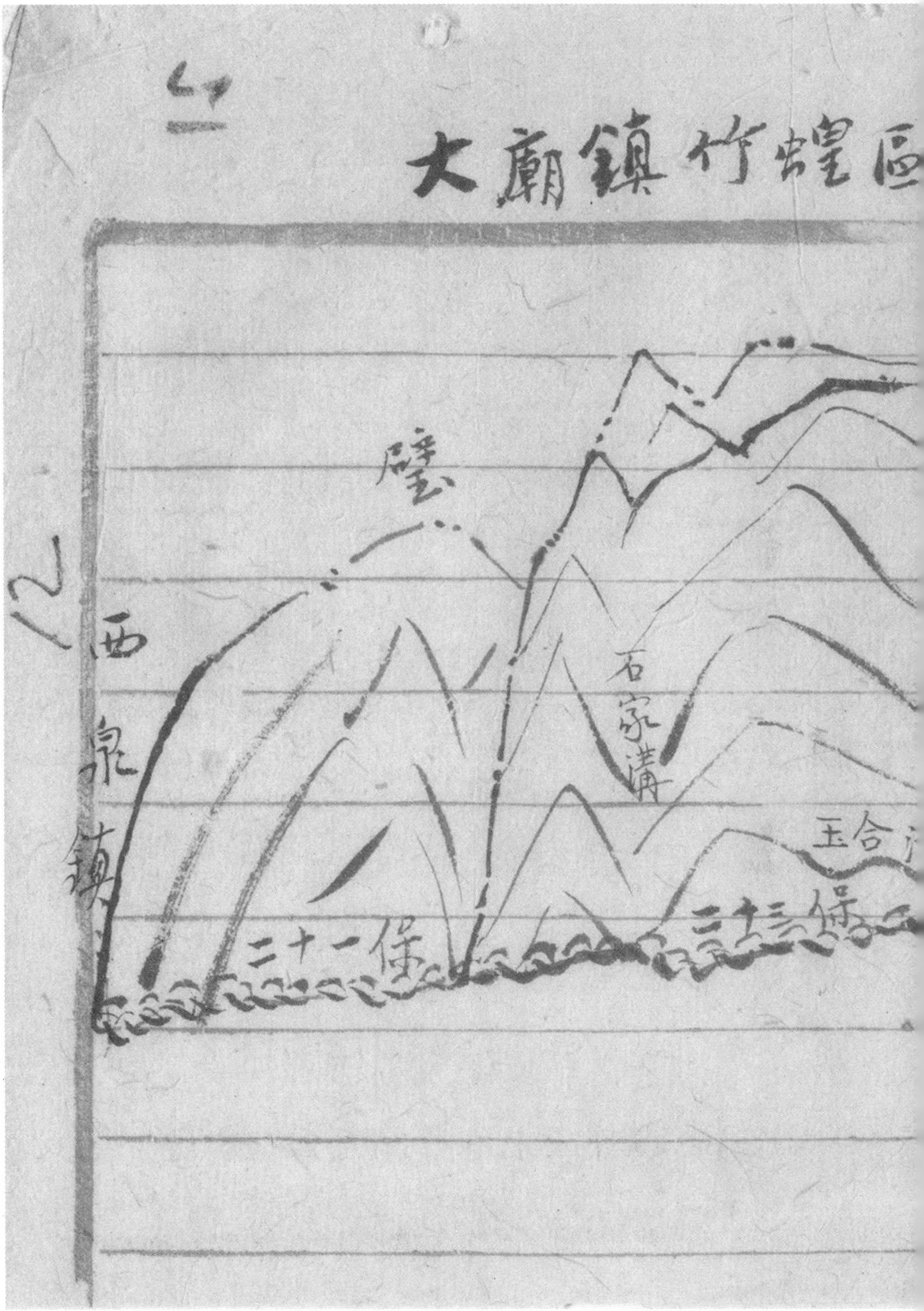

华西实验区甜橙果实蝇防治队工作进行须知 9-1-1（172）

中华平民教育促进会华西实验区 甜橙果实蝇防治队工作进行须知

一、认识地方环境与联络地方领袖

此项工作需要发动农民，而农村社会中仍多复杂，如处理不当，常致引起不必要之纠纷，工作人员新到一地，应先进乡问俗，分别拜访地方领袖，求得彼此了解，感情融洽，俾工作顺利进行。至农村社会中常见得几种人物列后，借供参考：

（一）乡镇保甲长、参议员及乡民代表

（二）中心校、保校校长及教员

（三）社会团体领袖（如某大爷、某五哥等）

（四）德高望重于地方，富有声誉之绅耆

（五）对此项工作特别热心人士。

作联络工作时要谦讷，少吹牛，多听对方的意见，不拒绝亦不深交，不得罪任何派别。绝对避免涉及军事政治时局或应变等谈话。

二、果园位置之调查

由地方领袖认识后，对该乡果园情形已有初步之了解，偕同果农及有关人士亲赴果园实地探察其位置、地形等，并须记录以

(二)園主姓名及其初次印象—熱心、半冷、不熱心、反對或其他

(三)距離鄉鎮(街)之里程

(四)交通工具(船、小路、大路、鐵路)往返所需時間

(五)根据調查資料繪製全鄉果園分佈圖，圖內須註明里程、方向等，此圖自區隊長以下各人手執一份，並以一張交總隊存查。此圖限於八月十五日以前完成之。

三、工作區域之劃分：

鄉間果園分佈零散，為使工作便利計，應按果園地位、交通、大小，劃分若干區，每區距離大概相同，並以當日工作能往返為原則，嗣後即按劃定區域輪迴工作，每鄉劃分區域希不超過五區為原則。

四、宣傳工作：

政令推行多難徹底，本隊此次前往江津工作，一般農民在未瞭解工作之真諦以前，仍不免視為虛有其文，應付了之，為將來推行順利計，必須先知宣導，務使農民充分瞭解，自願除蟲，方為有效。今後工作之成敗，亦視宣傳工作之好壞為樞紐，至宣傳方式，當從教育入手，使農民明瞭之後，一切出於自動自發，因而樹立今後之永遠除蟲制度，決不能以強迫手段行之。至宣傳內容，至少應包括以下數項：

华西实验区甜橙果实蝇防治队工作进行须知 9-1-1（174）

105

(一)本县合乡建工作梗概
(二)四川甜橙之特点及其营养价值
(三)蛆柑之严重情形
(四)果实蝇之生活史
(五)果实蝇之防除法(包括各种方法)
(六)目前所用的防除法
(七)对于果农及社会人士希望参加合作

宣传

方式分以下几种
(一)街头宣传——逢场日在街头茶馆以文字或口头的宣传(包括传习画片及新鲜标本之展览)
(二)拜访地方领袖尤应注意社团领袖以及果农之个别谈话
(三)由女队员多作果农妇女之联络
(四)劝导地方有认识之青年共同参加工作

六 组织农民

宣传工作经一月之努力以后，务使农民充分了解果实蝇为害之严重性，自动自发的来参加除虫工作，并须通过组织而完成普遍之除虫任务，互相督促，不能有一家例外。组织方式分以下几种：
(一)利用原有广柑生产合作社
(二)[illegible]

（三）[illegible]

（四）管動全鄉自定公約由本隊協助執行

（五）利用保甲組織按果農所有果樹株數攤派人工，組織農民時應注意以下數點

①少用政治力量絕不強迫執行，最好用教育方式完成之，如全鄉自願強迫執行，則根據全体果農立訂公約執行之。

②全体工作人員應親自動手施行除虫工作，以熱心服務之精神感召，使農民不得不自動來作。

③女隊員應特別注意婦女之聯絡

④在農民中物色領袖人物起來領導組織，並予以繼續教育，即使本隊離開之後，其組織不致分裂，其工作亦不致停止。

⑤此項工作之執行，如需要縣府或專署政令協助而有效者，各隊員可盡量轉報總隊，此項政令由總隊部負責接洽

六、選定示範果園

（一）每鄉可選定示範果園一至三處

（二）示範果園應具備之條件

1. 園主能澈底了解此項工作之意義並具十分熱誠者
2. 果園位置在交通方便之處
3. 果園面積在該區內應用中數以上（不小亦不太大者）

华西实验区甜橙果实蝇防治队工作进行须知 9-1-1（176）

106

4、蛆柑為害嚴重，工作後有方法能充分表現成績者

（三）與果農訂立合約：其內容如下

1、園主完全接受本隊技術上之指導

2、關於治虫所需藥劑由本隊供應

3、關於治虫所需勞力由園主負担

4、本隊為研究起見如需採取果樹材料或特別處理致使該樹受到損失時本隊得給予公平之代價

5、除虫後果園所獲利益完全歸於園主

6、除虫後成績良好者本隊得酌予園主獎勵以資示範

七、果園調查

（一）調查表格及調查方法另有說明

（二）調查时應注意以下數點：

1、所有調查表格由隊長承領轉發，決不浪費一張，如有剩餘或填寫錯誤之表格仍須交還，否則由隊長負責按成本賠償。

2、所有調查表格必須隊員親自調查，不得委託旁人代办

3、調查資料務於真實，絕对避免個人偏見。

4、農民不懂調查意義時務多加解釋，農民拒絕調查時應臨機應變，總之務求調查資料正確真實

以上七項工作統限於九月十五日以前完成。

（一）受害果实之辨鉴另有详细说明

（二）採摘后之处理

①每乡镇暂设三至五个杀蛆站，备有百分之五十水溶性[illegible]，每斤加水十斤搅拌后用，所有各园摘下之蛆柑务须集中在杀蛆站浸于药液内杀灭之

②于每杀蛆站内利用旧有粪池或掘一深五尺圆径三尺之深坑，以备消灭虫果之用，每池中倒入百分之五DDT五十至一百斤

③将受害果实以刀剖开抛入坑内毒杀之

④每次处理后之蛆柑必须随时检查以观其效果，并可借检查中可得杀虫之经验

⑤每次检视后可将已死亡之幼虫及果实捞出，以便充分利用药液

九、工作记载

（一）每日摘下之蛆柑数量应确实记载工作报告表内，另誊抄一份由区队长转呈总队

（二）凡欢迎本队到园工作之园户应详细记载之

华西实验区甜橙果实蝇防治队编队须知　9-1-1（178）

107

中華平民教育促進會華西實驗區 甜橙果實蠅防治隊編隊須知

一、本隊組織

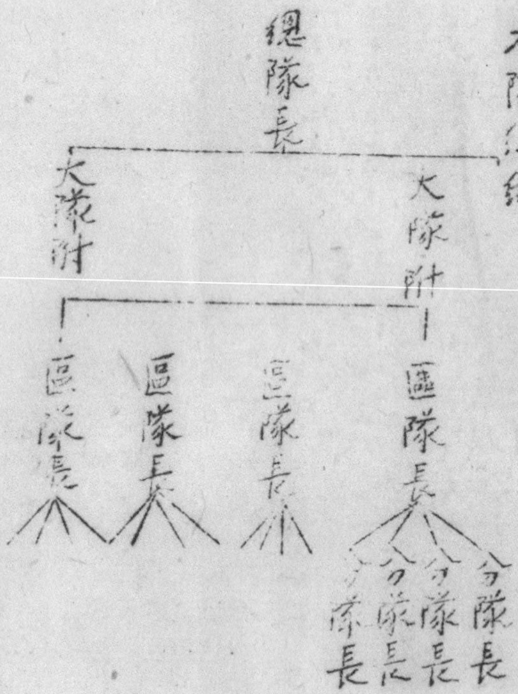

本隊組織如上表總隊長以本區兼主任孫則讓兼任總領隊由李煥章兼任大隊附由江津縣[illegible]團及中國農民銀行江津[illegible]已兼任三處長[illegible]

已制卡

以本區聯絡隊長由隊員自行選定又每分區隊設聯絡員一人負責該區隊之聯絡及搜集新聞資料等事項
再每分隊設輔導員一人由本区指派

二、編隊須知：

(一)分隊人數：七至八人

(二)編隊原則：

1.每分隊有農學系二三年級同學及一年級同學各一人

2.如有女同學參加每隊至少應有二人以上

3.其他各系同學自由組合

三、分隊以下職務之分配

1.分隊長一人

2.保管藥械一人——最好由女同學担任

3.採集標本二人——最好由農學系同學担任

4.伙食住宿二人——負責每分隊之住宿伙食等事

5.記者一人——負責工作日記新聞紀載及聯絡工作

6.每分隊如有八人以上增設联络一人並負责交際事宜接洽者工作分開

不以上職務由同學自行分配並以名單一份交總隊存查

四、经参加某分隊之後希勿中途退出

五、每分隊自行定名報總隊登記

六、每分隊之工作地點由總隊派定不得自由掉換

七、每分隊自定工作規约一種经通過及核准後公佈施行公约之以定由分隊長徵求各隊員意見擬定之並於出發前辦理完後交各区隊長存查

一九五〇年綦河流域甜橙果实蝇（柑蛆）防治计划 9-1-120（138）

100

一九五〇年綦河流域甜橙果實蠅（柑蛆）防治計劃

一、一九四九年本區曾配合鄉建院學生等一百五十人于綦河中游江津縣屬之真武、青泊等十六鄉鎮發動民衆防治柑蛆為害，工作三月又半，已有初步結果，計：

（一）調查一九四九年該十六鄉產量為一九八五〇〇〇〇枚預測一九五〇年產量應為五九五五二〇〇〇枚

（二）一九四九年毀掉蛆柑七一二五二五一枚

二、一九五〇年防柑區域除原有十六鄉鎮（真武、仁沱、順江穗、青泊、黃泥、賈嗣、杜市、五福、廣興、高歇、崇興、和平、馬鬃、高牙、先峯、奘溪）外，應添加江津縣屬大荆紫、龍山及綦江縣屬之升平、北度、高興、

三、由本區配派技術人員每鄉三人計六十九人另聯絡十人共計七十九人配合地方人民政府發動果農抹殺受害菓實

四、進行步驟：

(一)先行徵求縣人民政府同意

(二)分赴各鄉再與區人民政府就各區實際情況計劃工作辦法其要点應

甲、注意柑蛆生活史之教育宣傳使果農自己覺悟

乙、殺蛆辦法可分別採用

(1)大園户集中按期採果用水煮殺

(2)小園户分别各自按期採果煮殺

璧山四寶閣文具印刷紙號印製

一九五〇年綦河流域甜橙果实蝇（柑蛆）防治计划 9-1-120（140）

101

(3) 各區須由全體果農議定公約以求全体遵行．

丙、請政府明令禁止販賣蛆柑之法令

五、工作期間：

八月十五起至月底止分期各區籌備及宣傳九月一日至九月十五日為組織果農．九月十六日起至十月底徐果殺蛆．十一月一日至五日工作結束檢討．

六、經費：

(一) 七十九人工作八十五天每日食米三斤

共計 二〇一四五斤

(二) 自綦山至江津綦江往返之舟車旅費

[illegible]

合計：

食米 二〇、一四五斤

人民幣 一〇、七六〇、〇〇〇元

附註：經費預算，暫以每人每日食米三斤擬定，日後應照區務會議辦法實行

璧山四寶閣文具印刷紙號印製

华西实验区果实蝇防治第一分队工作计划 9-1-139（2）

139卷

前言

果實蠅防治之主要方法為採摘受害果實而欲達到此目的必須組織民眾運用組織力量同心戮力共除此害故本隊工作計劃即本此草擬並按其進度劃分為三期爰呈述如後：

本文

已誌於第一、二兩次報告故不贅呈.

二、中期：本期工作重心在於組織民眾調查果園及農場概況並決定各項藥劑及果農配合工作之方法.

(一)、宣傳：宣傳之目的在於喚醒民眾輔導其自動發起組織推動摘果工作並解釋調查意義闡述華西實驗區工作概況宣傳方法及內容亦詳於前報告中.

(二)、組織民眾：

(甲)、促使農民原參加之太陽会会友及其領袖召集開會更名為"柑橘生產促進会"報呈政府登記備案.

(乙)、擬具促進会組織章程及保農公約轉交相促会員責人士參改採納（此二項工作已經完成）、附章程及公約[illegible].

华西实验区果实蝇防治第一分队工作计划　9-1-139（4）

(丙). 由柑促会領導民眾配合本隊及地方行政人員共同工作：

↓ 由本隊二人柑促会常委二人鄉長一人組織保農五人小組會議負責人害及蛆柑防治之指導工作每週開会一次並在各区内由本隊隊員二人保長二人柑促会委員二人執行小組会議議決之各項工作.

(三). 調查果園及農場概況：本項工作已於八月九日正式展開預期在八月十五日以前完成.

(四). 選定示範果園洽訂合同並設置殺蛆站準備摘果工作.

三. 末期：

(一). 摘果：甲. 就受害区域各園果樹之株数並詳細計算每摘果人工每日工作之数量（株）分攤每户應出之工数

丙．氰化鈉藥剂之使用即以出工最多之園户及示範果園享用其剩餘者分用至各热心果户以為提倡．

(二)．未受蛆害区域由柑促会每場期派人报告柑橘生産情形每週內由本隊派人至各果園視查如亦發現蛆柑即從速就預置之示範果園殺蛆站佈置殺蛆及指導摘果工作。

(三)．在車站碼頭及市場設置檢驗站嚴禁蛆柑之出口，本工作由本隊派員二人配合鄉公所負責

(四)．檢討工作結果並解散五人小組会議．

吳天錫

江津县马鬃乡蛆柑防除之计划与实施步骤（一九四九年七月三十日） 9-1-139（70）

39

馬鬃蛆柑防除之計劃與實施步驟 三十八年七月卅日

一、計劃：

A.設示範果園：先分區在分區之區內或區間設示範園一塊由隊員住地親自摘蛆柑，沿其他害虫及隊員能力所能及的一切工作並發動附近農民在所屬區內同時開始除蛆柑工作。

B.会同巴縣馬鬃鄉之往御輔導員民教主任在社學區內發動傳習處導生及合作社負責人本隊同時開始工作。由隊長聯絡会同輔導員選定在每一社學

江津县马鬃乡蛆柑防除之计划与实施步骤（一九四九年七月三十日） 9-1-139（71）

期仍由队长辅导员、及本队籍返乡范围之工作人

员辅导之。

四、建议花果会加强原有组织并拟新出规约发

动园户除柑蛆，该项工作由队长会同区队长向花果会

主席交谈，并限在八月底之前谈出结果来。

五、由区队长、队长会同参议员、乡长、乡民代表主席

商谈具体办法，建议县府令乡镇保甲凡有果

农民除蛆，并限定日期开始工作，并请县府派员

督导。

二、本队工作步骤：

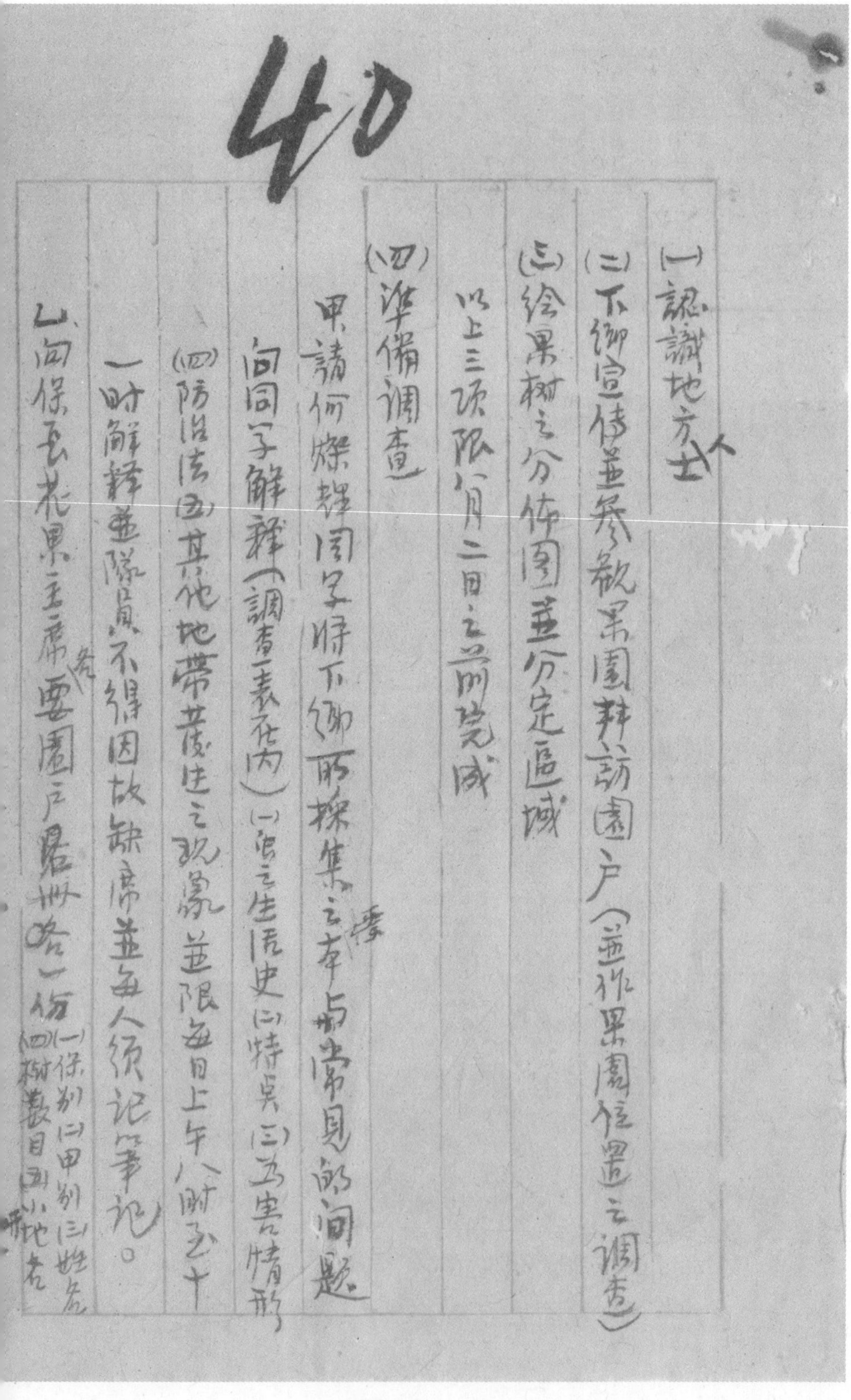

40

（一）認識地方士人

（二）下鄉宣傳並參觀果園拜訪園户（並作果園位置之調查）

（三）繪果樹之分佈圖並分定區域

以上三項限八月二日之前完成

（四）準備調查

甲、請何燦耀同學將下鄉所採集之本季病蟲常見的問題

向同學解釋（調查一表在内）（一）蟲之生活史（二）特點（三）為害情形

（四）防治法（五）其他地帶發生之現象並限每日上午八時至十

一時解釋並隊員不得因故缺席並每人須記筆記。

乙、向保長花果主席各要園户名冊各一份（一）保別（二）甲別（三）姓名（四）樹數目（五）小地名

江津县马鬃乡蛆柑防除之计划与实施步骤（一九四九年七月三十日） 9-1-139（72）

容每人各抄一份（依照出外參觀宣傳拜訪之資料理定）

(七)每日晚飯後由隊長召集隊員商談調查之布備予宣隊員不得因故缺席並須記錄

以上限於八月十號之前完畢

(五)調查

(A)盡最大努力調查至少每日要調查半保不論果樹之多少路之遠近務必得調查一再不得有抽陋或託人代查等情

(B)調查期間宣傳不能絕止須同時並行。

(C)調查時如遇如農民不理不(無法)何調查者當想法與調查

江津县马鬃乡蛆柑防除之计划与实施步骤（一九四九年七月三十日） 9-1-139（74）

出真实情形不可因而敷衍知难而退。

（四）每調兩日休息一日（休息日逢場期）

（五）在調查之前一場通知保長以便隨時解決調查時諸小問題

（六）調查期中一定有個規約由同學共同議定之

（七）每日調查表由隊長收繳保管

（八）調查工作限於九月五日之前完成不得因故拖延。

（六）除蛆柑前之準備

一、將劃定之區內或區間設立示範園一塊由隊長會同隊員決定之並取得區隊長之同意。

江津县马鬃乡蛆柑防除之计划与实施步骤（一九四九年七月三十日） 9-1-139（75）

蛆工作及管理示範園工作並由隊長作負責人
接洽住處煩雜問題
四、找定處理蛆坑在示範園附近設一坑
五、製定摘柑用具(1)竹筐(2)摘具(3)刀
以上限在九月十日之前完成
(七)、開始除蛆柑工作(示範園)
(一)園内所有柑樹編號工作時才有次序且便記錄
(二)每日晚八時開始工作最好，必要時得同學自行規定
(三)每日填具記錄表晨早檢察區處理之蛆柑
(四)在摘柑時期如遇其他蟲害隨時報告標本負責人想法處理——完

华西实验区蛆柑防治队工作规约、工作区域图 9-1-166（54）

中華平民教育促進會華西實驗區蛆柑防治隊工作規約

一、所有各項工作務須隊員親自動手，不得袖手旁觀，各隊長尤須以身作則。

二、既經分配之職務，應各盡職責，不得任意推諉或懈怠職務。

三、為工作之便利計，必要時得由領隊派隊員担任其他工作，各隊員不得藉故推諉。

四、各隊員應完全接受領隊之指導，如有意見，應以建議方式用書面或口頭提出。

五、領隊不在時，其職務由分隊長代理之。

六、摘果期中，無論果實可食與否，絕對不能擅摘一枚，此不僅關係全隊名譽，並有礙個人私德，望各隊員互相約束，以表本隊工作精神。

七、工作期中，不准有酗酒及賭博性之行為以及類似之遊戲。

八、隊員提出問題，如不能回答，即須自告知，另請本隊領隊答覆或另行設法解答，決不敷衍。

九、工作期中，除有緊急之要事及本人疾病得由醫生証明並經批准後，始得請假。

十、工作期中為期三月，請假一週以上者，按請假日數扣薪。

十一、無故中途退出或工作不力違反規約而受除名處分者，得由本隊向原介紹人負責追回旅費及已領之薪津。

十二、本規約如有未盡事宜，得隨時修正之。

华西实验区蛆柑防治队工作规约、工作区域图　9-1-166（61）

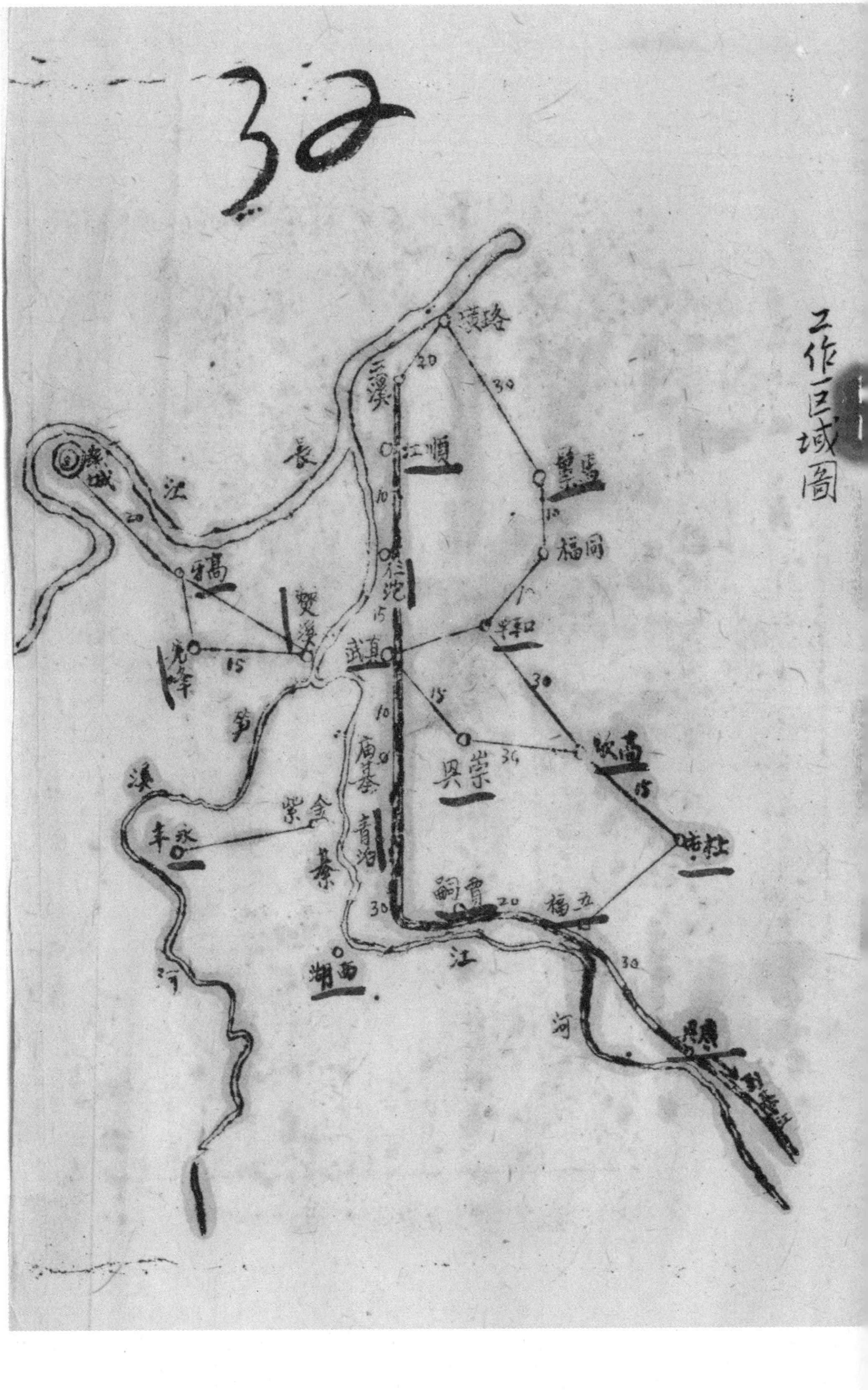

中国甜橙果实蝇防治法（吴乾纪编，一九四九年八月） 9-1-166（218）

128

中國甜橙果實蠅（Tetradacus tsuneonis Chen）防治法

吳乾紀編
三八年八月

中國甜橙果實蠅之防治，原則上除配合果農組織努力於滅
工作外，更應防範其繁殖蔓延，其原則擬訂如下：
一、組織果農互相監督，禁止販賣蛆柑，
二、組織果農互相監督，禁止亂拋蛆柑。
三、組織果農互相督促，殺滅果實蠅，其消滅日期如下：
甲、蛆蟲之消滅，自秋分至小雪。
乙、蛹期之防治，自小雪至立春。
丙、成蟲之防治，自立春至小暑。
丁、天敵防治法：尚待搜集其寄生蜂。
四、下列諸種防治方法，係搜集果農經驗，以適合本區之環境，可斟酌各地情形，分別斟酌使用。
甲、蛆柑之消滅：自秋分至小雪，因受害果實易於識別，此之時期，摘果而加以處理，可以消滅蛆蟲入土，茲析各種有效處理蛆柑方法，按序簡述如次：
1、窖積發酵殺蛆法：在普通的以普通所藏紅苕之窖

之周圍須作一溝防護（見圖一）溝中備以極濃之肥皂水（亦能用〔碳〕口下火油溶液更好）以毒殺爬出之蛆蟲，每日晒時將蛆柑傾入窖中，每次將蛆傾入之後，須將木板蓋緊，至窖充滿時，即將蛆柑壓實，面上加厚土，以使窖中之蛆柑發酵生熱殺死蛆蟲（註：此法係高致賢有章先生所設計而加以改進）

圖一 窖積發酵滅蛆蟲之窖

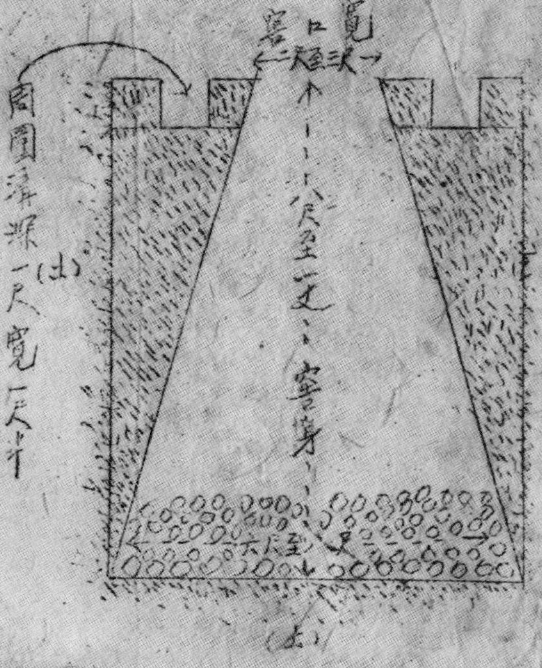

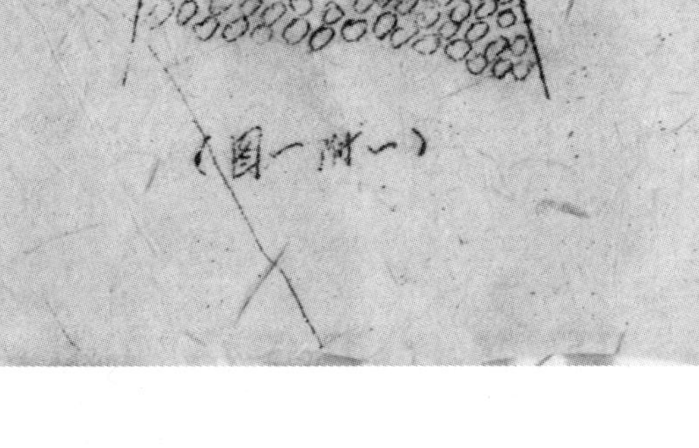

（圖一附一）

129

2

火油[illegible]
面三合土之池中加水（至池底三分之一或二分之一），
水面浮以火油，將蛆柑倒入，並以竹篩將蛆柑壓下[illegible]
底（見圖二），[illegible]蛆出[illegible]水流[illegible]
水面之蛆出，[illegible]
時，以池之四徑較小為佳，盡可能[illegible]
之面積為二十五方尺，[illegible]須加火油二兩[illegible]
油為質不佳，[illegible]時可先加水數倍作成乳狀液，使
分佈於水面。
樓真武場中國農民銀行園藝推廣示範場之[illegible]
以百分之二DDT火油溶液浮於水面尤為[illegible]蛆出
死），竹篩亦可不用（參看圖三）。
無須將由池中已殺死之蛆柑撈出時，或因熱而火油
蒸發，以致火油損失，應於適當時間補加火油或藥液。
（第二圖及第三圖見後）

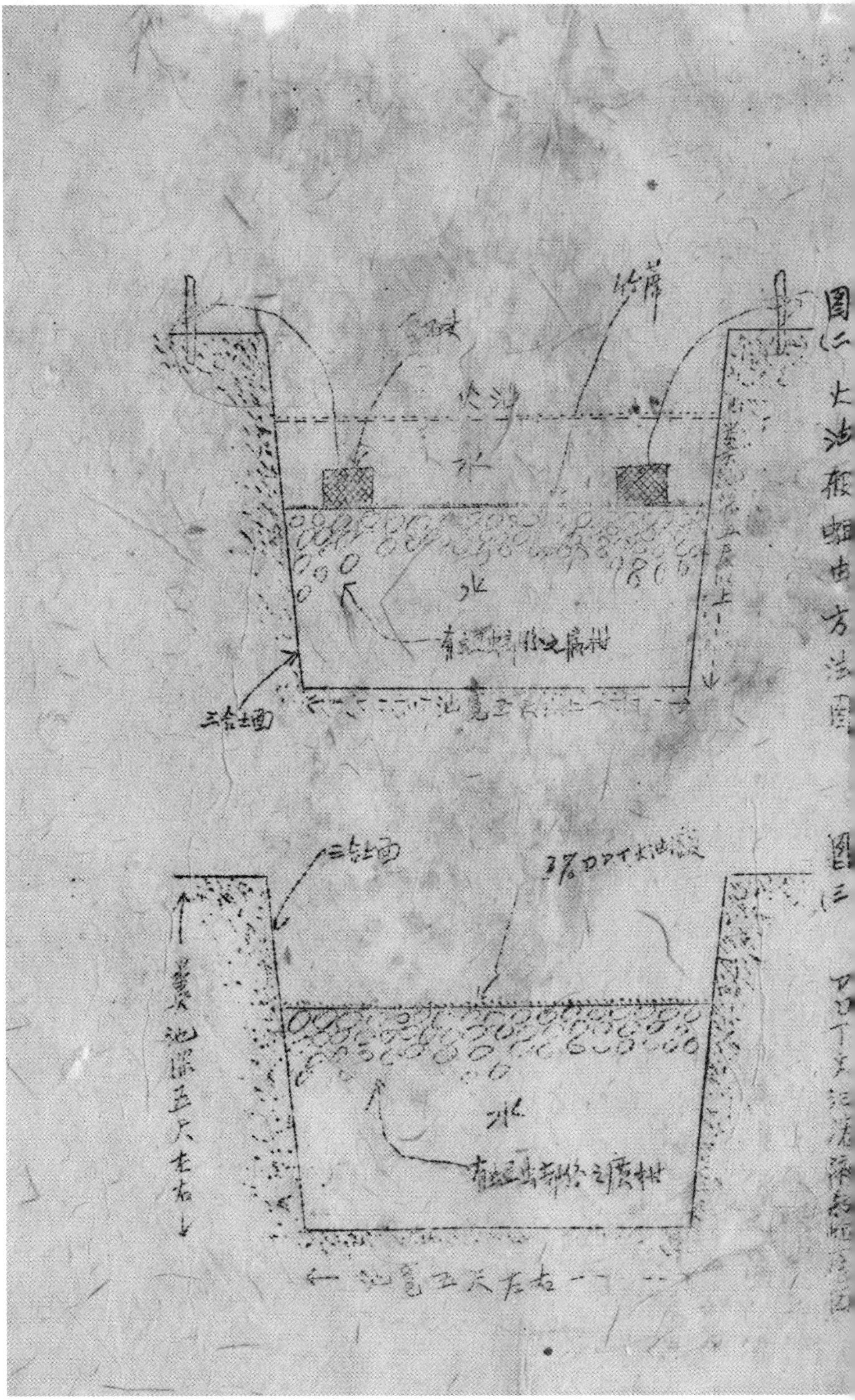
图二 火油毁蛆虫方法图
火油
水
有蛆虫害果之腐柑
三合土面
图三
水
池宽五尺左右

中国甜橙果实蝇防治法（吴乾纪编，一九四九年八月） 9-1-166（222）

130

6　5

水煮殺虫方法：將蛆柑置水鍋中加熱，煮殺蛆虫，此法百無一失，且可利用煮熟之蛆柑為豬之飼料，惟此法僅適宜蛆柑數量較少之時，或小型果園，產量較多之果園，可利用煮酒鍋煮蛆柑。

火燒滅蛆法：於蛆柑數量不多時，或在小型果園中，可利用灶內餘火，焚燒蛆柑，以殺果蛆。

生石灰水解生熱殺蛆法：利用生石灰加水生熱殺蛆虫，使用時先將蛆柑切開，將有蛆部份積于已騰空洗淨之糞池中，然後將生石灰加入池中，加水少許，使石灰水解生熱，燙死蛆虫，此法至為可靠，惟在江津丘陵地帶交通不便，運輸困難之處，生石灰不易購得，或則甚不經濟，若將蛆柑集中，大量堆處理，則可較為易辦而經濟，出產石灰地區，可使用此法。

深坑埋殺蛆法：於果園中，地下水面較低處，掘一深坑，將蛆柑傾入，壓實，至距坑口二尺許，即覆土，用以鎮壓，以窒殺蛆虫，冬至春季前引水入坑中，如有未死之蛆虫，至此必被水淹斃。

水解生灰殺（蛆），然不易加水而淋上耕，[illegible]
坑或池中，先生石灰一層，次一層，其上即堆入蛆柑一層、柑上再覆生石灰一層、如此間隔堆積：頂層再覆以石灰，惟至最頂層宜特別小心，切使蛆虫潛爬出。

上述諸種方法第一為窖積發酵、第二為火油[illegible]丁溶液法、第三為水煮、第四為火燒、第五為生石灰生擬。諸法之殺蛆均有可靠之效力，就中以第一法最為經濟，應儘量採用。

乙、蛹期之防治：中國甜橙果實蠅之幼虫（蛆），於受害果實落果後，即鑽入土中，化為蛹，準備越冬。防治之法，宜於小雪至立春期內，於樹周圍，以鋤頭施行淺耕，將匿藏土中之蛹曝露于土面，藉天氣寒冷凍死虫蛹。

丙、

1、成虫（蠅）之捕殺：

鎮壓悶殺羽化尚未出土之成虫（蠅）：立夏前後於雨後泥土未乾時，將土踏緊或壓緊，使羽化之成虫不易爬出，悶死於土中。

中国甜橙果实蝇防治法（吴乾纪编，一九四九年八月） 9-1-166（224）

131

2. 誘殺法：：立夏至小暑爲成虫羽化出現最多之時期，用捕蠅紙（用紅糖二分，阿拉伯膠或牛皮膠一分，加水煮熬，成膠狀泥塗於油紙上）掛於樹枝上，或噴灑於竹竿上，在柑林中黏捕成虫以殺滅之。一

3. 毒餌法：：採美國佛羅里達州（Florida）之地中海蛆柑防治報告，用砒酸鉛二磅，紅糖二十五磅，糖漿水五加侖，水一百加侖為毒餌，毒殺成虫，甚為有效。該區自一九二九至一九三〇年使用毒餌防治之後，迄今未曾發現。美國加州曾用氟矽酸鈉（一英兩），白糖八磅，水四加侖混合作為毒餌，亦甚有效，每株中年樹僅須用毒餌一磅，以此[illegible]新法噴射在樹叢上即可。[illegible]佛羅里達州（Florida）所發現之墨西哥果實蠅之防治，亦曾使用上述毒餌法。

毒餌之使用時期，為自成虫羽化出現至產卵前，按目前所知中國甜橙果實蠅之生活史，毒餌之使用，應在立夏至小暑之每隔三、四天噴射一次，每於雨後轉晴時，應重新[illegible]。

用，实為憾事．
滅蛆、殺蛹、三者既以出，為防治中國甜橙果實蝇之
環中三種方法，任何方法，不能澈底施行，均有奏效
若相輔併用，更易見功；在農村經濟蕭條、人工缺
乏之今日，摘果滅蛆，埋地殺蛹，实行比較容易，推廣
殺以出之成效比較澈底．是則其補之着遍鉄底，当為目
前之急務．而自製自給更為当局所應基本策劃之百年大
計也．

（完）

四川江津县甜橙果实蝇（蛆柑）初步防治示范计划 9-1-272（131）

四川江津縣甜橙果實蠅(蛆柑)初步防治示範計劃

一、四川甜橙產量概況：江津、金堂、南充及川西川東其他各縣年產約三○・○○○・○○○枚，江津、綦江及笋溪兩河沿岸各鄉平均年產一・五○○・○○○・○○○枚，為栽培最集中區域，果实品質亦最佳

二、果實蠅之毀害情形：被害最烈之區域為綦江河及笋溪兩河上游之廣興、五福、賈嗣、清滔、先峯、永峯、和平等鄉鎮。根據去年之調查估計，受害嚴重者達百分之九十，仁沱、真武、高牙等鄉鎮受害較輕者亦有百分之十五至二十，平均其被害程度已達百分之四十以上

三、中國甜橙果實蠅之生活史及其成虫習性：

四川發現之甜橙果實蠅，據金陵大學程淦藩及齊兆生兩先生之報告，與地中海之果實蠅不同，並已定名為 Tetradacus citri Chen（中國甜橙果實蠅）每年六月至八月

四川江津县甜橙果实蝇（蛆柑）初步防治示范计划　9-1-272（132）

被刺產卵受害之一面先着橙紅色時已九月或十月其他不受害之果實尚未着色極易識別十月以後被害之甜橙即開始落地果實蝇之蛆即鑽出果實體外入土成蛹過冬翌年六月開始羽化成為成虫雌雄集於樹上經過交配雌虫即以輸卵管刺入卜廣柑產卵為害

初孵化之幼虫(蛆)未達成熟時期若露於空氣中極易死亡入土亦不能成蛹

成熟之蛆入土不久即成蛹過冬

成虫(蝇)自羽化時起可生活至八月底約有三個月之壽命除陽光強烈之時期內比較活動外每天十時至五時後極為幽靜成虫多以吸食露蜜為生

四　果實蝇防治方法。根據其生活史及習性其防治方法可分為：

A　蛆期防治法：虫卵孵化成幼虫(蛆)之後一直隱藏果實體內蛀食肉瓤為害被害果實提早着現紅色甚易辨別若於被害果實未落地前先將着色果實摘下集

四川江津县甜橙果实蝇（蛆柑）初步防治示范计划 9-1-272（133）

78

66

中毁滅即可即制成虫(蠅)之增加本計劃之初步防治示範即採用此法

2. 蛹期防治法：成熟之蛆於九月底開始鑽出果實經外入土深約二三英寸隱藏休眠過冬，冬季深耕翻土可使蛹暴露，鷄鳥啄食，可消滅一部

3. 成虫(蠅)期防治方法：因成虫習性不活動可用(a)網捕 (b)毒殺 (c)天敵等法防除

以上各種防治方法均可採用，但專以一種方法恐怕不易絕對消滅蛆柑為害，照地中海甜橙產區之報告，該區之果實蠅是採用Quarantine Control measures檢驗杜絕制度毁滅為害，亦為吾國可借鏡之處

五、初步防治計劃

1. 目的：

(a) 以教育及示範方式介紹科學方法防治病虫為害

(b) 發動民力減少或杜絕蛆柑危害以增加農業生產及農民收益

四川江津县甜橙果实蝇（蛆柑）初步防治示范计划　9-1-272（134）

(c) [illegible]
高禾、先峯、崇興、清泊、金紫、實嗣、永豐、沙梗、杜市、高歇等十六鄉發動全体果農採摘被害果實用石灰水集中毒殺幼虫

(b) 以農民銀行江津園藝示範場場址所在地之真武場為中心，東抵山麓，西達綦河，南迄真武，北至仁沱，以在此自然小區域內試行各種不同之防治方法，以求研究結果作為未來普遍採用

3. 前項防治計劃由平教會華西實驗區與中國農民銀行江津園藝推廣示範場合作辦理之

4. 工作人員：

(a) 發動民力之工作人員擬利用鄉村建設學院同學於暑期中組織殺蟲隊工作，期間自七月中旬起至十月中旬止，共計三個月

(b) 殺虫方法之研究試驗由農行江津園藝場場長吳乾紀先生主持，並由華西實驗區派大學畢業之修昆虫及園藝者各一人協助之

四川江津县甜橙果实蝇（蛆柑）初步防治示范计划　9-1-272（135）

79
67

六、工作效果：

1. 蛆柑受害損失估計平均為百分之四十，如以減少損失一半計，來年江津各鄉果園可以增產甜橙百分之二十，共約六〇〇〇·〇〇〇枚，折合米價四·五〇〇市石

2. 華西實驗區工作尚未在江津展開，近該縣地方人士曾推選代表親來本區要求展開鄉建工作，如能先以實際工作解除果農切膚之痛，則今後果農对本區鄉建工作更易瞭解而接受

3. 鄉建學院學生有實地走入農村工作之實習機會

第三頁

华西实验区甜橙果实蝇防治队工作人员名册 9-1-1（149）

93

中华平民教育促进会华西实验区甜橙果实蝇防治队工作人员名册

队别	职务	姓名	工作地点	备考
总队部	总队长	孙则让（已制卡）	真武场中国农民银行江津园艺示范场	
	总领队	李焕章（已制卡）		1
	总队附	刘语圃（已制卡）	仝上	
		吴乾纪（已制卡）	仝上	2
	总督导 技术	[illegible]毓（已制卡）	仝上	3
	技术督导	[illegible]朝钦（已制卡）	仝上	4
	干事	[illegible]康（已制卡）	仝上	5
		[illegible]德祺（已制卡）	仝上	6
		夏立群	仝上	7
	医生	贾奎位	仝上	8

		蕭□停（已制卡）			10
第一區隊	區隊長	魯陳非（已制卡）	真武鄉		
	聯絡員	康廷方（已制卡）			11
第六隊	領隊	吳天錫（已制卡）	順江鄉		
	隊長	劉德輝	仝	仝	12
	伙食住宿	劉學鑑（已制卡）	仝	上	13
	聯絡	龍學祿（已制卡）	仝	上	14
	伙食住宿	廖文璠	仝	上	15

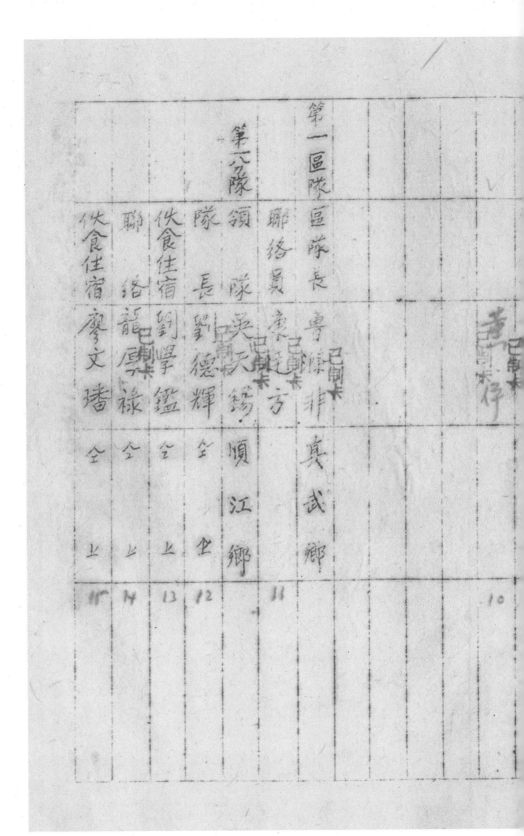

华西实验区甜橙果实蝇防治队工作人员名册 9-1-1（151）

94

隊別	職務	姓名	工作地點	備考	
一分隊	採集標本	張浩鈞	順溫鄉		16
		王震濤	仝上		17
	保管藥箱	鄭榮德	仝上		18
二分隊	隊領	馮林階	仁沱鄉	已同卡	
	分隊長	龔崑	仝上		19
	收食住宿	傅正耀	仝上		20
		吳家福	仝上		21
	採集標本	貝學明	仝上		22
		[illegible]	[illegible]		23

聯絡	陳歲羣	合		五	25
三分隊領隊	鄧錫昌（已制卡）	真	武	鄉	
分隊長	姜興秀（已制卡）	〃	〃	〃	26
伙食住宿	江成功	〃	〃	〃	27
	游恩榮	〃	〃	〃	28
採集標本	孫靜	〃	〃	〃	29
	陳蓮菁（已制卡）	〃	〃	〃	30
聯絡	李永年	〃	〃	〃	31

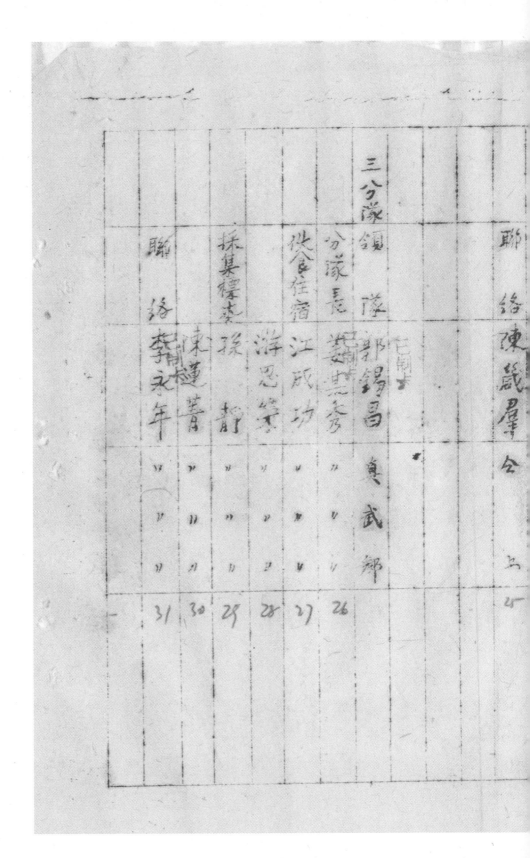

华西实验区甜橙果实蝇防治队工作人员名册 9-1-1（153）

95

隊別	職務	姓名	工作地點	備考
四分隊	領隊	王承藩（已制卡）	青泊鄉	
	分隊長	郭藻文	仝上	32
	伙食住宿	羅文龍	仝上	33
		劉光宓	仝上	34
	採集標本	宗衍祥	仝上	35
		吳師韞（已制卡）	仝上	36
	聯絡	李國音	仝上	37
	保管藥箱	墨圭	仝上	38

华西实验区甜橙果实蝇防治队工作人员名册　9-1-1（154）

五分隊領隊	傅遠銘（已制卡）	西湖鄉	
分隊長	黃陣鳴（已制卡）	仝上	39
伙食住宿	黃與錚	仝上	40
	劉恩明	仝上	41
採集標本	司公敬	仝上	42
聯絡	黃清惠（已制卡）	仝上	43
保管藥物	鄢淑懷	仝上	44

华西实验区甜橙果实蝇防治队工作人员名册 9-1-1(155)

96

李

第二區隊區隊長	徐韋如	高歇卿
聯絡員	李慎	仝上
六分隊領隊	陶存	高歇卿
	汪靜	仝上
分隊長	李廷華	仝上
伙食住宿	孫勇	仝上
	張承富	仝上
採集標本	陳光仙	仝上
	白汝嫻	仝上
聯絡	呂鳳榮	仝上
保管藥品	曾若冰	仝上

已制卡

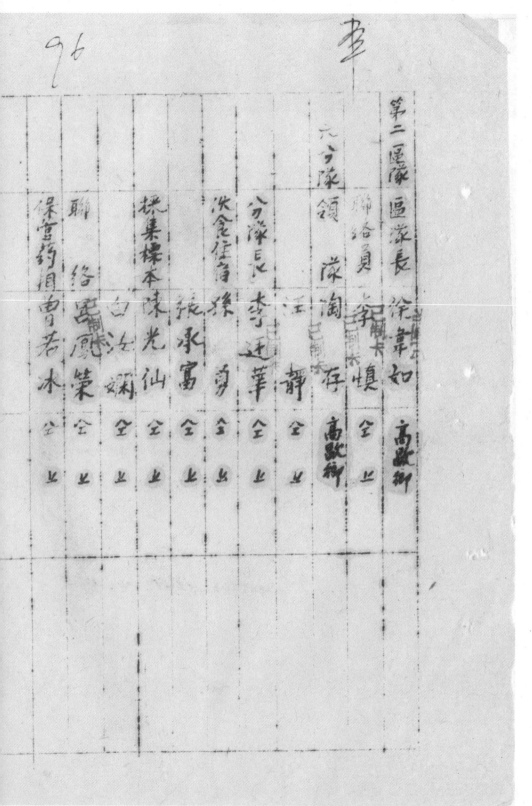

华西实验区甜橙果实蝇防治队工作人员名册　9-1-1（156）

七八分隊領	隊	張壽高	[illegible]鄉
	分隊長	秦光森	仝上
	伙食住宿	李秦榮	仝上
		郭潤番	仝上
	採集標本	范昊六	仝上
		劉希明	仝上
	聯絡	康國璜	仝上
	保管药箱	黃恩明	仝上
		已制卡	
八分隊領	隊	王漢臣	和平鄉

华西实验区甜橙果实蝇防治队工作人员名册 9-1-1（157）

97

八分隊	分隊長	李[illegible]和（已制卡）	和平鄉
	供給住宿	傅學洪	仝上
		李秀登	仝上
	採集標本	徐載熙	仝上
		汪潤先	仝上
	聯絡	陳光猷（已制卡）	仝上
	保管藥物	葉寬	仝上
九分隊	領隊	張競定（已制卡）	馬鞍鄉
	分隊長	李俊德（已制卡）	仝上

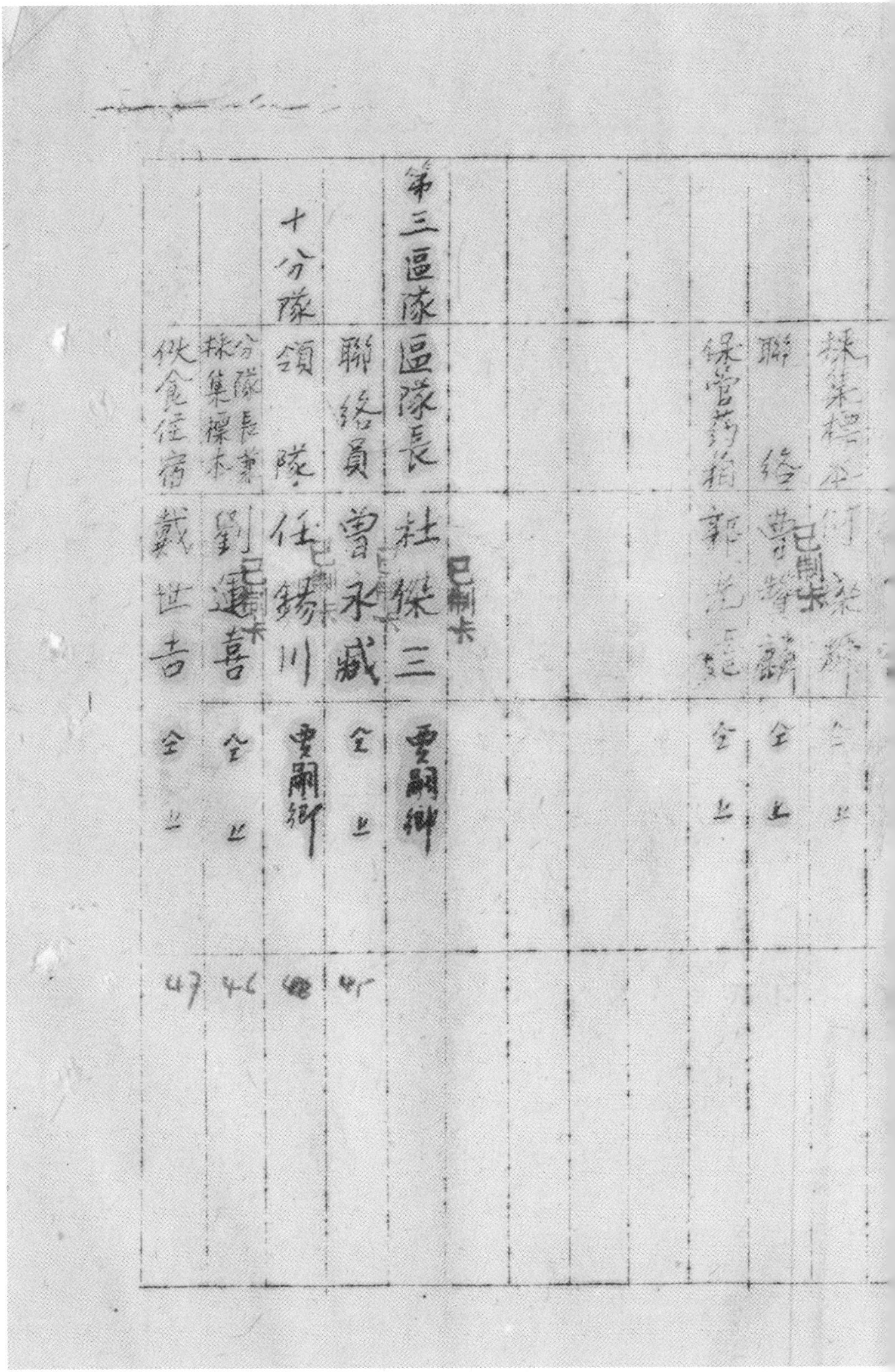

	採集標本	何榮辦	仝上	
	聯络員	曹鑑麟 已制卡	仝上	
	保管藥箱	郭光庭	仝上	
第三區隊	區隊長	杜傑三 已制卡	覃嗣鄉	
	聯络員	曾永臧 已制卡	仝上	45
十分隊	領隊	任錫川 已制卡	覃嗣鄉	[illegible]
	分隊長兼採集標本	劉運喜 已制卡	仝上	46
	伙食住宿	戴世吉	仝上	47

华西实验区甜橙果实蝇防治队工作人员名册　9-1-1（159）

98

分队	职务	姓名	乡别	编号
十分隊	伙食住宿 採集標本	易明高	雲霧鄉	48
	聯絡	王叔寧	仝　上	49
	保管藥箱	孫治	仝　上	50
		張朝富	仝　上	51
		陳維明	仝　上	52
		單逢義	仝　上	53
十六分隊	領隊	李克敬	廣興鄉	
	分隊長	鄧巳鏞	仝　上	54
	伙食住宿	鄧治喜	仝　上	55
		唐昌樾	仝　上	56

华西实验区甜橙果实蝇防治队工作人员名册　9-1-1（160）

职务	姓名	备注
保管药箱	劉慕賢	仝上
十二分隊領隊	譚□中（已開除）	杜市鄉
分隊長	唐尚靈（已開除）	仝上
伙食征宿	榮昌銘	仝上
	汪堯	仝上
採集標本	李昱亮	仝上
	彭科明	仝上
聯絡	廖廣智（已開除）	仝上

59

华西实验区甜橙果实蝇防治队工作人员名册 9-1-1（161）

99

十二分隊	保管藥箱	彭蘭君	杜市鄉	
十三分隊	領隊	邵啟澤	五福鄉	
	分隊長	邱景煜（已開除）	仝上	60
	伙食住宿	周才多	仝上	61
		李運夏	仝上	62
	採集標本	王道生	仝上	63
	聯絡	胡三（已開除）	仝上	64
	保管藥箱	陳大才	仝上	65

华西实验区甜橙果实蝇防治队工作人员名册 9-1-1（152）

第四區隊	區隊長	陳慕羣（已製卡）	先峯鄉	
	聯络員	王詩俊（已製卡）	仝上	66
十四分隊	領隊	賈厚炎（已製卡）	仝上	~~67~~
	分隊長	陳朝江	仝上	67
	伙食住宿	趙德強	仝上	68
		韋美識	仝上	69
	採集標本	何孝豐	仝上	70
		李世家	仝上	71
	保管物相	鄧榮福	仝上	72

华西实验区甜橙果实蝇防治队工作人员名册 9-1-1（165）

100

十五分隊

領隊（已制卡）	李 棚	永豐鄉		
分隊長（已制卡）	廖時任	仝	上	33
伙食住宿	孫正中	仝	上	34
	冉崇均	仝	上	35
採集標本	余澤藜	仝	上	36
（已制卡）	華積逵	仝	上	37
聯絡	沈文宣	仝	上	38
保管藥箱	吳伯承	仝	上	39

分隊長	黃久昌	仝	上	[illegible]
伙食住宿	胡廷寬	仝	上	[illegible]
伙食住宿兼保管药柏	蔣茂蘭	仝	上	[illegible]
採集標本	黃蘊輝	仝	上	[illegible]
聯絡	郭[illegible]蕙	仝	上	[illegible]
保管药柏	黃熙成	仝	上	[illegible]

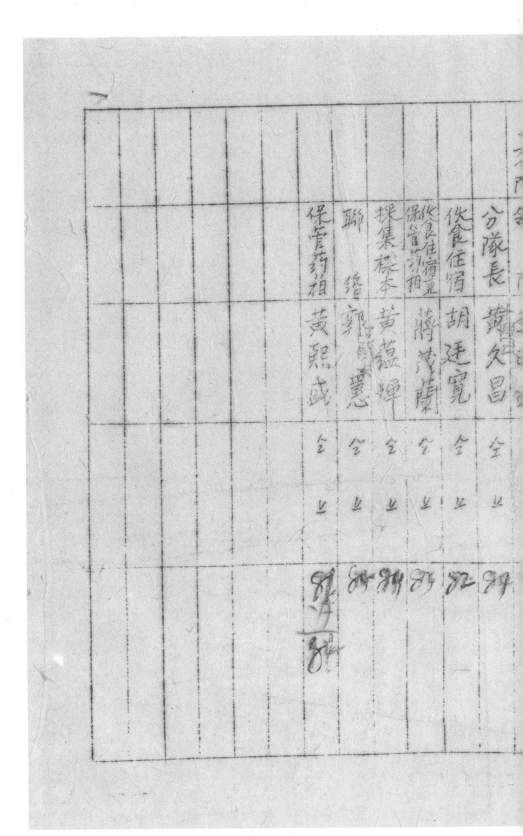

华西实验区甜橙果实蝇防治总队部第一次会议记录（一九四九年七月二十一日） 9-1-166（207）

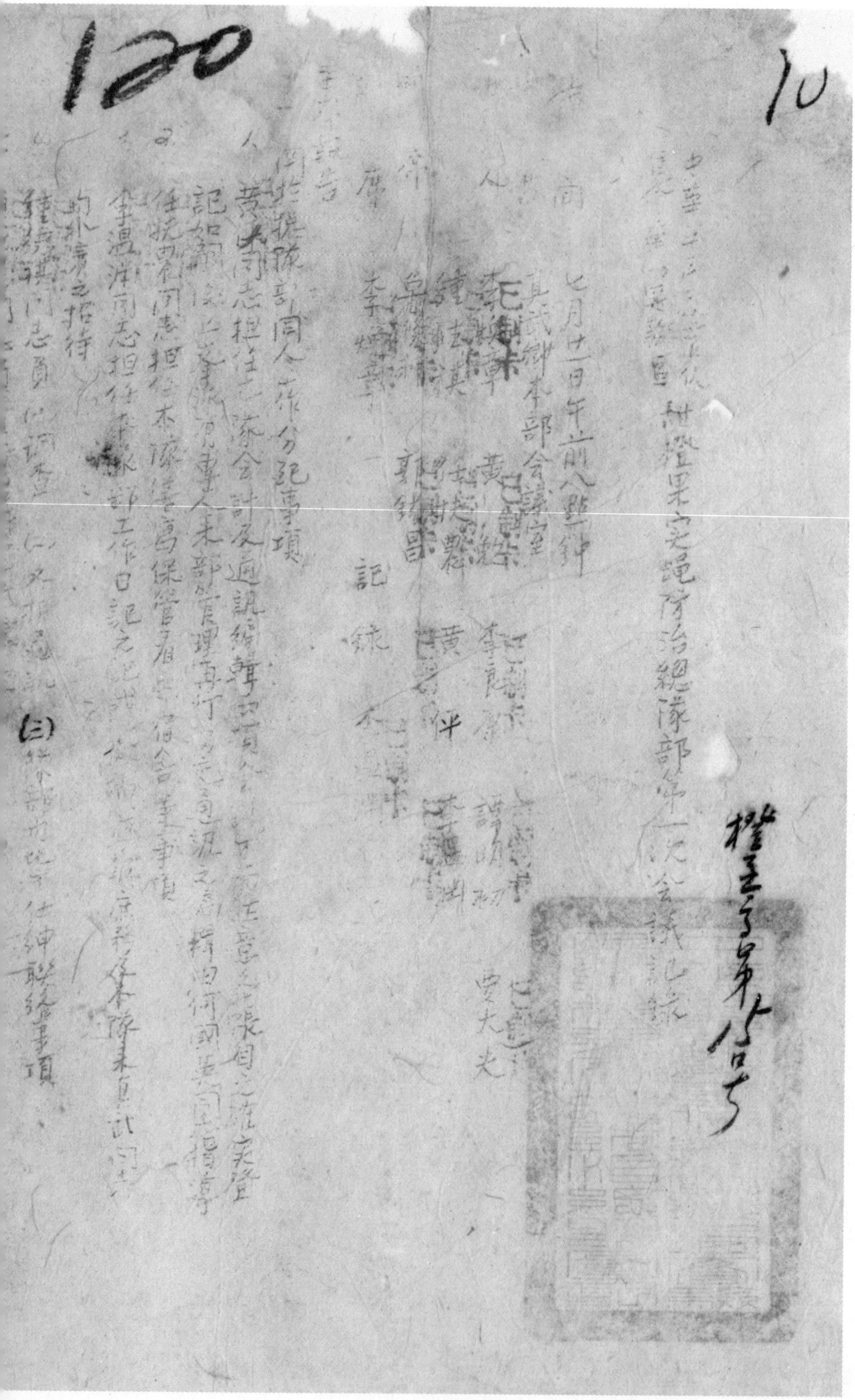

华西实验区甜橙果实蝇防治总队部第一次会议记录（一九四九年七月二十一日） 9-1-166（208）

本隊之首須注意事項 三位先生於各區分隊巡視時之[illegible]合[illegible]有[illegible]何[illegible]

一九[illegible]酌直接處理 至要大先所需[illegible]即[illegible]補充

討論[illegible]決議

（一）本[illegible]總[illegible]高[illegible]實驗區[illegible]於本月或下月二三日[illegible]將各隊工[illegible]

置完善並明[illegible]原工作地點

（二）各隊以經所領經費[illegible]即刻報銷并須[illegible]按[illegible]數日期[illegible]付日期[illegible]

（三）[illegible]經手[illegible]須有全[illegible]或[illegible]物[illegible]

（四）各隊應切實注意日常衛生至於飲水應設[illegible]

（五）總隊部全人同時[illegible]除早餐[illegible]分隊同時進[illegible]餐[illegible]定於十二時晚餐[illegible]時

（六）總隊部同志視察各隊時以一二三四區分別出巡輪流[illegible]原則應使各區

分隊隨時得與總隊取得聯絡

（七）以後凡總隊部人員到各隊所用之飯費[illegible]請直接向總部請領

（八）各區隊聯絡員[illegible]每週[illegible]總隊部報告工作一次并收集通訊資料

（九）以上各項除即發會議記錄外不再[illegible]文通知

散會

[illegible]分隊

华西实验区甜橙果实蝇防治总队部第二次会议记录（一九四九年七月二十五日） 9-1-71（51）

24

中華平民教育促進會華西實驗區 甜橙果實蠅防治總隊總隊部第二次會議記錄

時間 七月廿五日午後八時

地點 江津農業推行團[illegible]

出席人 李良康 吳乾紀 黃勉 [illegible] 何國英 任扶農 黃仟 李溫淵 魯滌非 陳業庠 徐韋如 杜傑三

主席 李良康 記錄 李溫淵

主席報告

1. 四農復會補助費雖如期照發，請各隊照緊縮開支

2. 各隊所領經費務必儘速報銷，所領物品亦需按月報告消耗量及存餘量

3. 各繁殖站負責同志應於下月五日前回真武鎮接轉原站工作，各輔導區借調同志（已調回農業組者除外）亦將於下月中旬各返原工作地點，在此期內應加緊協助各分隊建立工作優良作風，擬具詳細計劃，俾各分隊隊各分隊工作不受影響而逐步推進

4. 總隊部決每旬出通訊一期，希各分隊隨時供給工作進行及生活狀況、社會情形等資料

5. 各區隊聯絡員之任務係 ①分隊間之聯絡 ②收集通訊資料 ③通訊之編輯 ④當地果農及有關社會人士之訪問，同時為 ⑤閒暇時參加所在地之分隊工作 ⑥必要時得每週由區隊長派來總隊部報告工作傳遞情報

华西实验区甜橙果实蝇防治总队部第二次会议记录（一九四九年七月二十五日） 9-1-71（52）

[illegible]

2. 水利系同學已報到七人，已分派出發工作

魯區隊長滌非報告

1. 本區隊所轄岳順江、仁沱、真武、青泊、石龍各分隊

2. 各隊均已開始工作，尚稱順利，惟[illegible]隊區域廣大，果樹多，蛆害重，擬請予縮小區域

徐區隊長韋如報告

1. 本區会社力量甚大，經分別拜訪後，各地方当局社会領袖均热心支持，园場完成準備工作

2. 各隊均已積極展開訪問、調查、宣傳工作，高歇隊婦女工作亦開始，曾有數十家庭婦女來隊訪女隊員会談

3. 本區係山地，隊員工作格外辛苦，且当地水源缺乏，已成嚴重之威脅

4. 巴縣馬鬃蛆柑亦多，已会同該縣輔導區展開工作

杜區隊長傑三報告

1. 本區所屬杜市、廣興、五福、雲關四隊，以杜市、五福、雲關、三鄉蛆災嚴重

2. 廣興隊缺習農同學，希加派前往

3. 各隊食住均無問題，工作情形亦佳，並得地方人士讚許

4. 杜市隊於十七日午后九時許始到達，一路十分疲勞，次晨逢場，故隊員連夜趕寫壁報標語，即展開宣傳工作，精神十分可嘉

陳區隊長纂群報告

1. 本區隊永豐、先峯兩隊均住中心校，環境甚佳，高平隊住址較壞，房屋破爛

华西实验区甜橙果实蝇防治总队部第二次会议记录（一九四九年七月二十五日） 9-1-71（49）

（第二页）

2、当地果农虽知改良，故本队实需二[illegible]分配里可约予澈[illegible]。现已拟订调查访问路线，探询果园位置数量等情形。

3、当地有园艺促进会之组织，[illegible]年，该会纲分保障权益已有十余年历史，彼等已拟有[illegible]约订推广会七月初三日开会。

4、高平广柑树小，蛆害不烈，[illegible]重于防[illegible]化，应[illegible]害之防治常识之宣传。

吴总队附乾纪报告

1、防治队之抵达江津，在果农[illegible]实行防治教育上意义不甚伟大，意义如何将科学知识传与果农，打破其大多数的传统观念，更发动其力量合力防治，即是完成任务。

2、今后工作在园区域而果在蛆害[illegible]成以上地区，应促成严格检验以封锁的工作，蛆害[illegible]成者着重防治，蛆害二三十者侧重预防，宜宣传详细办法，使各队调查完毕后厘定。

3、如实验区能开区给予果农诸种工作贷款，则一切困难必可大为减少，且对广柑事业亦可做有计划之振兴。

4、关于农会对本队所持异议，此点李绰章先生赴解释，可能获得解决。

雷医生全位报告

1、本队药物大多乡代采购，就医者能避免者希尽量避免。

2、请各队因少滤水，饮者冲后之水。

3、有[illegible]同志希注意妇婴卫生常识者，一俟本人巡视各队时再口头指导。

华西实验区甜橙果实蝇防治总队部第二次会议记录（一九四九年七月二十五日） 9-1-71（50）

二、討論[illegible]

1、各分隊居住環境不便問題，由各分隊就地另行設法改善，至於用水困難可因水而易地居住

2、各隊區域之重劃問題，由各隊將所轄各鄉區之保甲數、果園數、株數及其全部概況等詳細開列附圖，于八月二日前送總隊部再行斟酌調配

3、各項工作之進行仍照原計劃實施。

4、請黃勉先生出席參加每月初二水豐、大峯兩鄉之園藝促進會議

5、各隊工作無星期例假，以每日上午六時至十一時為室外工作時間，午後四至七時為室內整理或準備材料工作時間，但因工作需要不在此限

6、各隊同志到總隊[illegible]登記以便聯絡

7、請夏本厚同志編柑橘病虫害防治淺說印發各隊

8、下次會議決於八月十二日舉行，本會[illegible]屆時來部出席（完）

散會

此致

华西实验区甜橙果实蝇防治总队部第四次会议记录（一九四九年九月十一日） 9-1-127（5）

中華平民教育促進會華西實驗區甜橙果實蠅防治總隊部第四次會議記錄
時間：九月十一日午前八點鐘
地點：真武鄉農行江津園藝示範場會議
出席人：李焕章　吳乾紀　黄勉　譚
張韋如　雲奎位　杜傑三　陳慕　吳天錫　李溫淵
主席：李焕章　記錄：李溫淵
主席報告：
一、華西實驗區在原則上已決定就江津此次防治工作之十六鄉鎮開區孫主任并授命本人於江津高農選拔五十位同學參加本隊工作并任將來開區張主民教主任
二、防治藥劑及煤油等已由周停樵先生運來現在途中此項煤油及藥劑發給果農不收代價
三、百樂君已携來部可盡量使用
四、關於殺蛆技術問題究以何法最好希今天決定以便進行：
[illegible]

实验功效

二、煤油支用不收代价并每乡以两桶为限越过此数量者由园主自行缴备

三、每乡设杀虫站不能逾卅个其中可有十个使用D.D.T.

四、本队只供给示范果园杀蛆石灰以作试验不易购买石灰区域即不用石灰

五、为加强各队工作除各区队长仍住各原住地点负责外总队部并另派员分别住各地督导一切杀蛆准备工作其出差人员及督导地区如后：

(1)吴乾纪先生　真武　顺江　仁沱　青泊

(2)黄　勉先生　广兴　五福　升平　永兴

(3)谭明初先生　西湖　云关

(4)钟德祺先生　先峰　高牙　永丰

(5)李良康先生　杜市　高歇　堂兴　北滩　美兴

(6)周学蕃先生　和平　马鬃

六、洋油杀蛆暂请农行农场试用

七、第三区队每分队即调两同志到新增区域工作

八、各队尚有未完清经领款项报销手续者通知其尽速报部

九、关于客饭问题今后凡总队部人员于各队所用客饭照各该队所

华西实验区甜橙果实蝇防治总队部第四次会议记录（一九四九年九月十一日） 9-1-127（4）

定客饭价格报部并请用饭人于离开该队队时签名，其余各队队员有因公相互往来所用客饭可按每六十餐照该队其实用负担料向总队部报销，非因公往来各队者应自行付给客饭费

十、先峰队以往因住屋及炊具借用关系须予该地看守人员津贴工役，开支较多一项，因其情形特殊，准予报销

十一、关于拍照决定有系统的拍摄乡民参加防治工作及对本队工作反应等为原则，又到各队后可赞摄该队队员团体照一张，队员自行加印影音，队自行多拍者本队不负责

十二、关于百乐君发放办法，请雯大夫拟定后再行决定（完）

此致

第七分队

中华平民教育促进会华西实验区甜橙果实蝇防治总队 文石启

华西实验区甜橙果实蝇防治总队第一次各小组讨论会记录摘要 9-1-127（107）

中華平民教育促進会華西実験区甜橙果実蝇防治總隊第一次……討論会……

（一）行政工作小組記錄

1. 飲食津貼、無法採行。
2. 公用物品由總隊通籌購買。
3. 各分隊区隊向地方人士各種約会、總隊亦尽可派人参
4. 加強联系：（1）改善通訊寄遞。（2）区联络員每十日来總隊一
（2）各区隊長經常来總隊会。（3）總隊能多派視察人員到各
察。
5. 隊員因事、因病請假須依照原定工作規約處理。
6. 区隊長領隊工作不力，希各隊員多加劝勉督促。
7. 隊員患病入院時總隊不予津貼。但可向……

（二）生活小組会議記錄摘要

由於各隊員能自己警惕、彼此規劝……
尚称健全，其應注意各点、可遵納……

1. 影响工作的生活：
（a）工作过於勤劳，有時一日工作竟……
……在令人感動，但恐影响健康。
……此種精神實

69

华西实验区甜橙果实蝇防治总队第一次各小组讨论会记录摘要　9-1-127（108）

影响隊員學作態度，阻礙工作实

4. 不顧客觀環境，把学校作風帶到工作中——如有些隊員學宣或娛乐，未顧当地情況，而歌唱舞蹈及扭秧歌等，不能引起誤会。（在环境許可時，這些都是不必考慮的）

3. 过份的自由主義作風

(a) 少数同志不習慣團体生活，常表現不合作，不遵守團体決議，忽視的拒絕領隊或隊長所分配的工作等事。

(b) 由於少数同志的工作和生活態度不健全而使全隊工作和集活，缺乏周密的計劃。

解決方法：

1. 展開生活検討——內容包括生活態度、團体紀律，及有關問題。

2. 生活規約——各隊自議生活規約，並請於八月二十四以前送總隊部。

3. 作息時間——應嚴格規定，各隊会議必須遵守，在睡眠期內各隊均不得高声談笑或以木拖鞋嘈雜声音。

4. 实行值日制——值日員之職責為督促隊生活管理一切事務

5. 注意小問題——應注意小的工作重心所在，以能維持隊上文娛生活——小環境衛生問題。

华西实验区甜橙果实蝇防治总队第一次各小组讨论会记录摘要　9-1-127（109）

6. 伙食问题—(1)每月至少廿九一[illegible]

滤及漂白粉消毒。(3)外出工作时应须自带伙食

7. 医药问题—(1)贯彻任医生经常留住总队部(2)入医院就诊者

者须行政组决议。(3)专任人士患病者可酌予帮助，但应尊[illegible]

下列二原则：

(一)有助于工作者。

(二)赤贫

(三)[illegible]无依，孕妇不得给奉宁。

(三)技术小组讨论会记录摘要

1、宣[illegible]通

(1)与各该有关机关连络、请其约束各该机关工作人员。

(2)由政府明令禁止。

(3)劝导摘者。

(4)组织农民自卫。

以上各点，凡需本队转县府协助者，一律由各分队报请总队

办理之。

2、宣传问题—除本队已行准文材料外，各分队依实际需要自拟宣

传方法，并添补宣传材料。

3、[illegible]理问题

70

华西实验区甜橙果实蝇防治总队第一次各小组讨论会记录摘要　9-1-127（110）

(3)多採用民间土法、其法如下：（依当地情形酌着选用下列方法）

(4)[illegible]

甲、用於大果园者——如窖藏香酵法、烧虫杀蛆法、水解石灰法及药剂杀虫法等。

乙、用於小果园者——水煮法、焚烧法等。

5 问题——如冬季深耕法、採毁间作法

大果农组织是否统一问题——须着重基层工作热忱、各乡应因地制宜。

六、示范果园问题：

(1)示范果园条件：

(a)果树约一百株左右。

(b)地点适宜。

(c)园主热心。

(d)园主在当地能起领导作用。

(2)[illegible]为环境特殊，不需要[illegible]果园时[illegible]

[illegible]之原则。

谭不鎮录

华西实验区甜橙果实蝇防治总队第一次各小组讨论会记录摘要 9-1-127（111）

(3) 示範果園與本隊之權利義務，由總隊部擬定合約

同

6. 摘青問題—「摘青」與县府禁止出售未成熟之果實不同，如

而果農自願摘青果者，应加設處採摘，唯需在九月底以前摘

7. 增加工作區域問題—自動請求本隊協助防治甜橙果實蝇之各

地本隊因人員不敷，原則上予以技術方面之指導，工作方面多以

啟發方式行之

8. 肥料貸款問題—非屬本隊工作範圍之内，目前不能協助。

9. 佃户不替園主摘果問題：

(1) 由地方保甲或佃户通知園主採摘蛆柑，如園主不理或居

遠不克前來防治時，得由保甲督促佃户摘除蛆柑，並令保甲代

向園主索取佃户应得之工資

(2) 運用組織及公約力量

10. 受害枳殼採摘問題—勸導並運用組織及公約力量

公論，強迫执行之

11. 小果農及貧窮果農不願摘受害果實問題—办法仝前條。

12. 地方派系問題—採取不偏不倚之超然態度。

13. 編印淺說問題—甜橙淺說及柑桔病虫害淺說總隊正在編印中

14. 氯化苦使用問題—[illegible]

(1) 本隊區[illegible]

(2) 如果園過於分散，受害果实不易集中時得採下列方法

a. 小果園可採用水煮法及火焚法

b. 果園較大者得用窖藏發酵法，所需石灰須由該園主自備。

16, 採果问題

(1) 方法——矮的用手摘，高樹用竹竿鉤摘。

(2) 時間——九月中旬開始

(四) 調查小組討論会記錄（參看果園果業概況調查表説明及填寫法

(五) 區隊長会議記錄

工作人員調動问題

1. (1) 順江領隊吳天錫暫調廣兴協助並指導該分隊工作。

(2) 第一分隊鄭崇德暫調廣兴工作

(3) 第一分隊張浩鈞劉學鑑暫調青泊工作

2. 加強總隊與分隊聯系问題

(1) 為加強總隊部與分隊聯系起見，各區隊長應按期回總部參加總隊部工作檢討会。

(2) 以後各區隊長採用輪迴視導制，分赴各分隊以資觀[illegible]優良办法得互相借鏡。

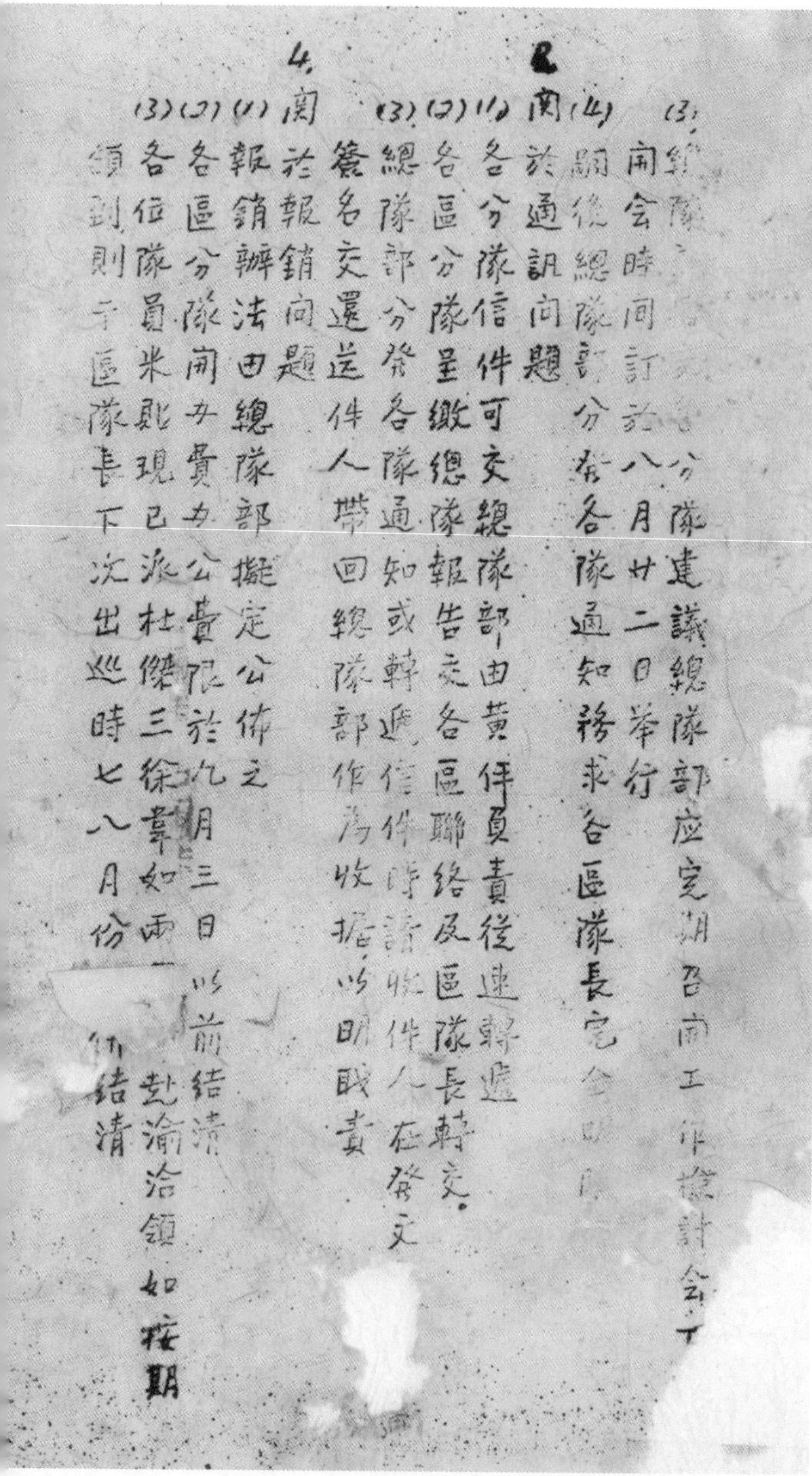
(3) 總隊[illegible]分隊建議總隊部应定期召開工作檢討会，下開会時間訂於八月廿二日举行
(4) 嗣後總隊部分發各隊通知務求各區隊長完全暸[illegible]
2. 關於通訊問題
(1) 各分隊信件可交總隊部由黃仟負責從速轉遞
(2) 各區分隊呈繳總隊報告交各區聯絡及區隊長轉交。
(3) 總隊部分發各隊通知或轉遞信件時請收件人在發文簽名交還送件人帶回總隊部作為收据以明職責
4. 關於報銷問題
(1) 報銷辦法由總隊部擬定公佈之
(2) 各區分隊開支費支公費限於九月三日以前結清
(3) 各位隊員米貼現已派杜傑三徐章如雨[illegible]前赴渝洽領如按期領到則于區隊長下次出巡時七八月份[illegible]結清

华西实验区甜橙果实蝇防治总队第一次各小组讨论会记录摘要　9-1-127（106）

华西实验区蛆柑防治队第七分队工作报告、标语　9-1-137（77）

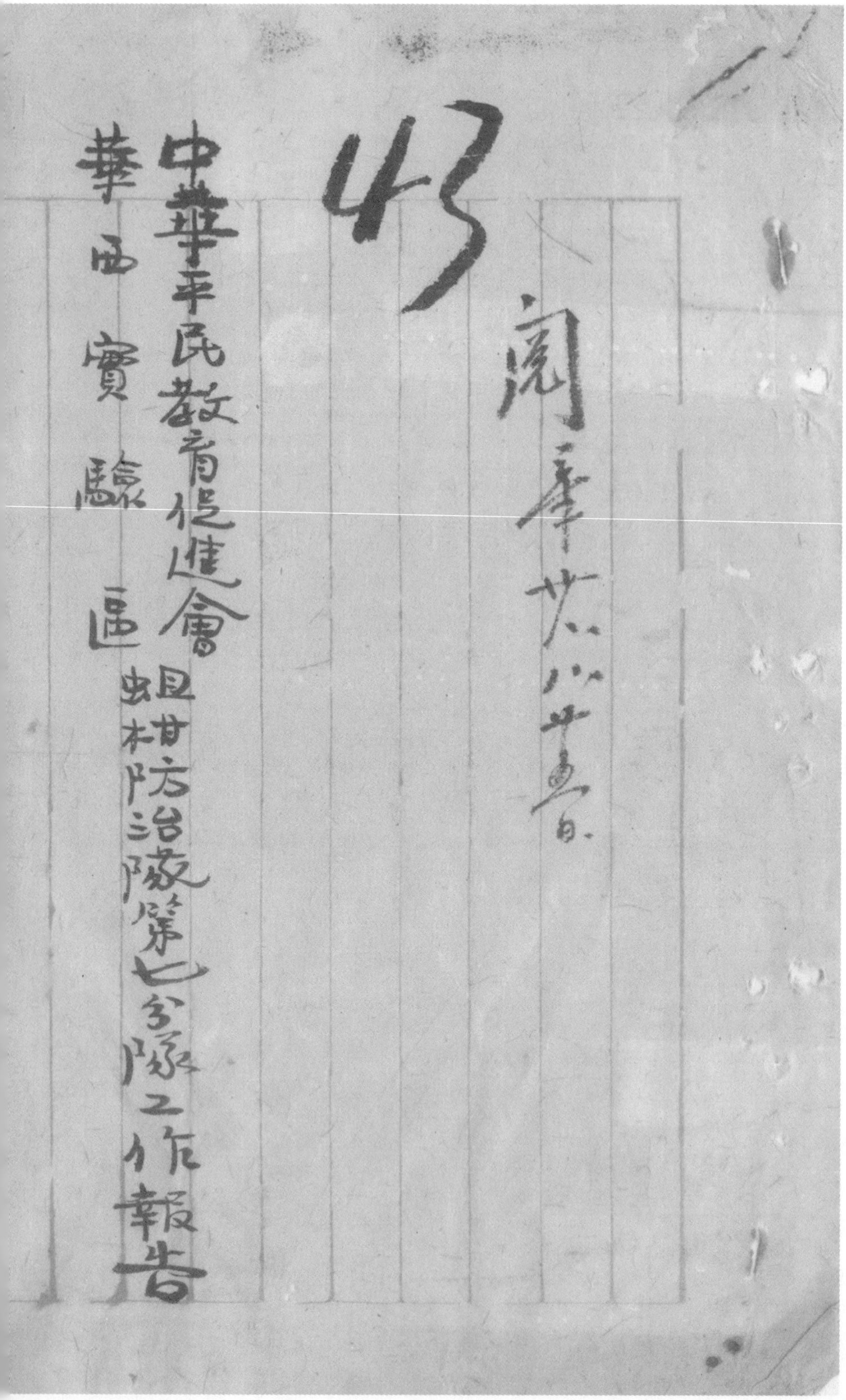
45

閱

中華平民教育促進會
華西實驗區
蛆柑防治隊第七分隊工作報告

华西实验区蛆柑防治队第七分队工作报告、标语　9-1-137（78）

华西实验区蛆柑防治队第七分队工作报告、标语 9-1-137（79）

44

中華平民教育促進會華西實驗區蛆柑防治隊第七區隊第七（崇興）分隊工作報告

本隊遵照總隊工作進行須知之規定，初為認識地方環境，聯絡地方領袖與乎果園位置之調查，繼則劃分工作區域，宣傳組織，選定示範果園，果園調查，最後則為採摘受害果實。本此規定，茲將應在八月十五日以前完成之初步工作情形報告如後：但須一言者，為配合人時地之便利，於進行初步工作時，多採宣傳方式與果農組織之策動。

一、工作之進行

1. 第一次見面禮：七月十八日到達崇興鄉，住定於離場五里許之明佛寺，翌日恰逢場期，為了入鄉問俗以及行客拜坐客的習慣，雖經旅途之辛勞疲憊萬分，亦去場上尋訪地方賢達，首正副鄉長向主龍華寺

华西实验区蛆柑防治队第七分队工作报告、标语　9-1-137（80）

本鄉參議員鍾孔昭當時在場，與之接洽，深明大義，對此工作甚為了解。繼認識中心校校長李澤華，鄉民代表主席鍾德昭與涂大隊附建勛，彼此相詢頗為融洽，並請涂大隊附代理鄉長通知各保保長代表及地方士紳於二十二日在鄉公所開會，在開會之先臨門造訪地方父老士紳鼓吹防治工作之意義，示來此之誠意，再示需要協助之急切。

乙、開保長代表會議：　二十二日上場開會由涂大隊附主席，計到正副保長代表十餘人由本隊同仁分別報告平教會歷史及精神華西實驗區情形，四川甜橙之特点與價值，果實蠅之生活史與蛆柑之

华西实验区蛆柑防治队第七分队工作报告、标语 9-1-137（81）

為害防治的方法以及本隊組織與对地方人士之希望，因主席主持會議無經驗，與會保長代表皆未發言，致會不議而散，引為餘憾。會後請其擬定各保保民大會日程，分別通知參加會議，惟經廿三、廿四兩日竟無動靜，因居寺中，殊為無聊，此兩日以藏可謂為本隊工作之停滞期，以後輒入順利階段。

3、重開保長會議：二十五日正副鄉長齊歸，鍾鄉長譯綸頗為贊助，乃刻重開保長會議，加以善言，並對舉凡此次工作意義及與農民利益均曉諭無遺，並以政治力量遏識為本隊後盾，備遇困难先以全副力量解決之，當場與保長約定保民大會時間與地點，

华西实验区蛆柑防治队第七分队工作报告、标语　9-1-137（82）

起[illegible]

大十餘人開會，內容由本隊申明不要地方的錢，不吃地方的飯，為地方服務的立場與本隊來歷，防治辦法及對地方的希望（組織合作齋心）大致說來，反應良好，各果農發言尚屬踴躍。

5. 感情的交流：為了與地方人士更進一步的協調與合作，在徐區隊長宰如的領導下，於二十九日在場上宴請地方領袖社團領袖、縉紳與熱心父老，菜肴雖不豐，然樂也融融，相見儘歡，白情猶如舊交，但有三四人以本隊純為地方服務，不特未予本隊招待，倒而行之，似有愧色。幸本隊先發制人，不然以宴客一節，將為鍾學議員與鍾代表主席取得主動地位矣。三十日赴兩鍾宴會，菜肴

华西实验区蛆柑防治队第七分队工作报告、标语 9-1-137（83）

46

至為豐富，與日昨相較，天壤之别，真有拋磚引玉之感，加以地方風味，不特川外同志為第一次嘗試，即本省同學亦為處女之試，操耳席間話題，不離蛆柑，故鍾之五歲小孩，竟呼本隊同志為「蛆柑」

6. 驚人的抗日表演：此間有須補述者，在本隊剛到第二場為了要連絡本鄉在學青年，曾於正午火烈的陽光下，與本鄉假歸學生作籃球比賽，不怕汗流夾背跑跳於灰塵之中，場周擠滿了觀眾，均以驚奇的眼光注射我們，立刻茶館行人道上居然以蛆柑為一班人的談話資料

7. 文字宣傳：鑒於本鄉文化水準較低，場較小，文字宣傳

[illegible]

华西实验区蛆柑防治队第七分队工作报告、标语　9-1-137（84）

是促成了少數失[illegible]

故亦如他隊一樣，張貼標語、出刊壁報，但份量較少而已。除壁報繼續外，標語一項擬於採果時為了加重警覺性再著為張貼。

8. 詳細的果園位置調查及踏實的臨門口頭宣傳：本鄉上五十株以上之果園為數寥若晨星，然三五十株之果農卻普遍皆是，以此，若僅調查大園子，雖然工可作普遍調查，則難能畢常，但為了樹立根基及易於繼續今後之防治工作，竟採取後者，自八月二日起分保分組調查，遍走各戶，無論一株二株三株，皆登記入冊，並走完一甲（每）即登高繪製該甲地形及果樹分布圖，每到一戶均儘量予以解釋宣傳，自度此次下鄉挨戶宣傳之效果頗為宏大，惟需時較久，[illegible]

华西实验区蛆柑防治队第七分队工作报告、标语 9-1-137（85）

47

至目前（八月十一日）爲止尚有保來病猶未完成，故全鄉果園分布圖此次未能繳交。

二、果農之反應

經保長聯席會議、保民大會、口頭宣傳、文字宣傳、挨户宣傳、訪問及普遍交談的結果，綜述其反應如後：

1、因農民從未見此純粹替農民服務的事業，故起初均不大相信，以爲政府要抽廣柑稅，不願正確說出廣柑的株數，經沿門講解後，有半信半疑者，有很瞭解很贊同者，有很感激而如久旱之得甘霖者，幸而無反對者。

2、[illegible]

华西实验区蛆柑防治队第七分队工作报告、标语　9-1-137（86）

3. 有愛我們下鄉吃苦指社的[illegible]对我們甚[illegible]錯[illegible]

4. 希望多用藥劑如DDT及氯化鈷

5. 有人希望將廣柑的栽培管理品種改良施肥貯藏運銷加工等用淺近文字印成小冊散發果農

6. 參議員建議以政治力量行之並聯貸款援助

總之：不要老百姓的錢，不吃老百姓的飯，而替老百姓服務，大家是很歡迎的，故農民對我們的批評還算不錯，但我們卻戰戰競競，惟恐不能滿足農民的要求和有負農民的希望，因為他們的需要實在太多了。

三、關於生活方面：

华西实验区蛆柑防治队第七分队工作报告、标语 9-1-137（87）

48

全隊人員同居一室，空氣和諧，大家都富有幽默感，但公私分明，工作的時候，儘量的工作，休息的時候，盡情的歡樂。午時除飯後休息，晚上納涼時大家交換工作意見，報告工作心得外，每場有正式的檢討會一次。往處較為偏僻，來往路遠，動輒一二十里，為了工作的方便與效率，往往上午八時出發，要到下午三四時才能歸隊午膳，此與總隊規定之作息時間甚為不合，而且整天在外爬山越嶺。因離場較遠，即趕場天亦得上場與地方人士交際，及在茶館作口頭宣傳，故亦未嘗稍有休息。

四、對地方環境之認識

地方人士態度不反對，也未主動的組織起來[illegible]此項工作，祇是

[illegible]

但地方上也無有力熱心人士能一呼百應為之嚮導，此亦本隊之憂慮點，苦熱心之人繼續此項工作也

五、技術上的困难

1. 農業及果園詳細調查無法施行，並且是我們工作的最大阻礙，不但調查項目不合當地實際情形，且更增加果農對此次工作的疑惑。

2. 殺天牛蟲的技術問題

3. DDT不用，失信於民，今後說話困難

六、以後工作計劃

华西实验区蛆柑防治队第七分队工作报告、标语 9-1-137（89）

1. 挨户访问宣传完毕後，再在场上随时宣传，加深果农印象

2. 选定示范果园订立合同

3. 组织广柑生产促进会，通过除蛆公约，以利除蛆工作

4. 将工作主体转移地方人士，以求工作生根

七. 对总队部希望

1. 第三保代表陈子高研究蛆柑有数年之久，经验甚丰富，谓果实蝇在八月中旬（中秋前後）仍有一批产卵，希请当局改之

主

2. 据云果实蝇有另外寄生於李子、桃子、红橘等，希当局派以研

华西实验区蛆柑防治队第七分队工作报告、标语　9-1-137（90）

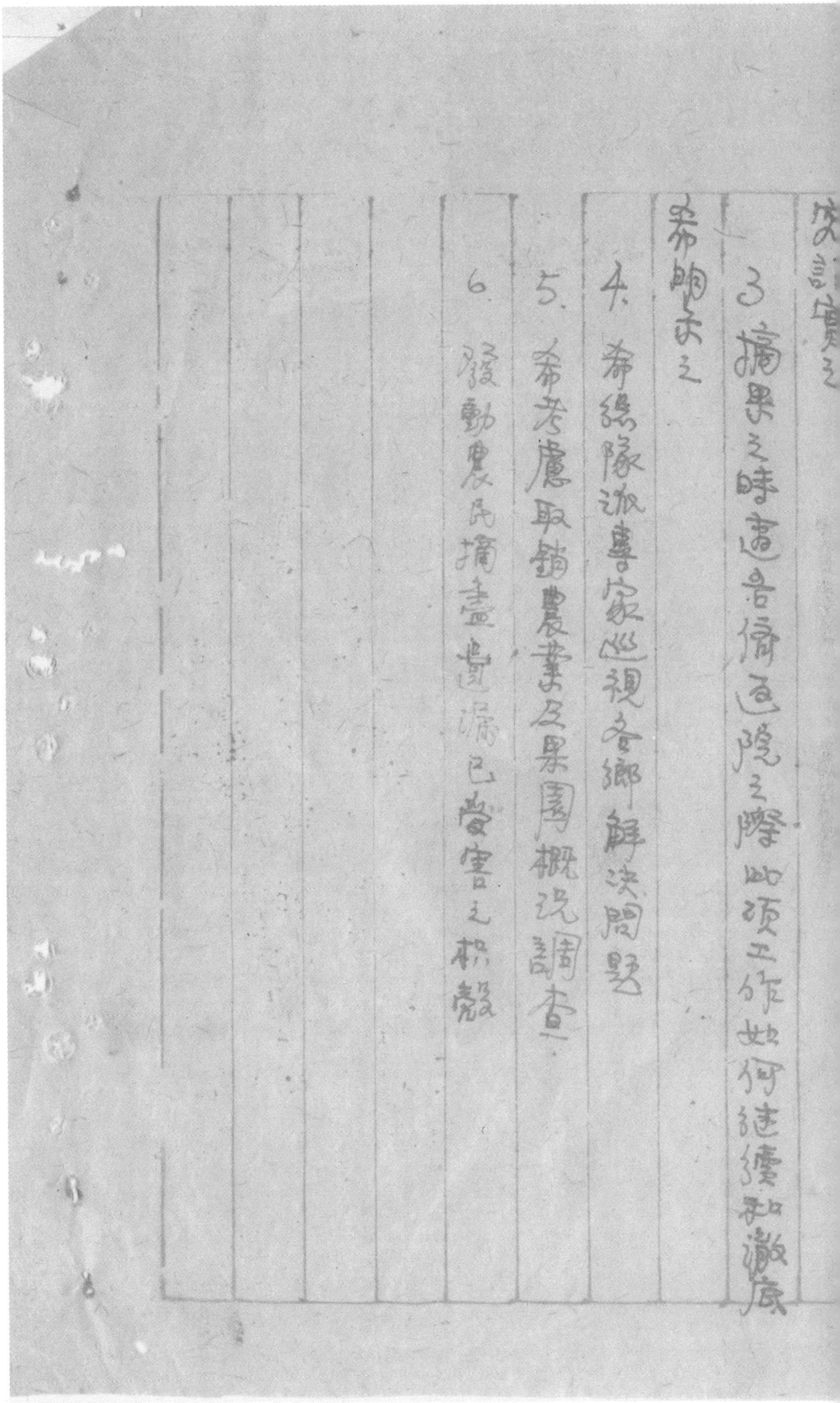

交言實之

3. 摘果之時適否偏過遲之際此項工作如何継續和徹底

希明示之

4. 希總隊派專家巡視各鄉解決問題

5. 希考慮取銷農業及果園概況調查

6. 發動農民摘盡遺漏已受害之柑殼

华西实验区蛆柑防治队第七分队工作报告、标语　9-1-137（92）

51

第七分队标语

1. 广柑香　广柑甜　有了蛆柑不值钱
2. 蛆柑不摘　蛆虫不死　大害不止。
3. 蛆柑多　收入少　不摘蛆柑不得了。
4. 天生广柑以养人　惟有蛆柑最可恨　杀杀杀！
5. 摘蛆柑　犹如打疯狗，大家一齐来动手
6. 免蛆柑坏蛆柑　今年一定要摘完
7. 蛆柑蛆柑不摘也不甘
8. 摇钱树上有蛆柑　真把农人损得惨
9. 老二蛆柑蛆柑、大家齐心动手全部搞灭

华西实验区蛆柑防治队第七分队工作报告、标语　9-1-137（93）

11. 大家齊心摘蛆柑

12. 蛆柑是大家的敵人

13. 今年大家除蛆蟲，來年廣柑大又紅、

14. 搖錢樹上長蛆柑，會使大家沒衣穿沒飯吃

15. 要保留地方名產，必須除絕蛆柑、

16. 增加生產，鄉建設鄉村

17. 摘蛆柑必須大家團結一致徹底合作、

华西实验区工作人员曾祥文所撰《高歇乡的蛆防动态》（一九四九年十一月十二日） 9-1-138（3）

高歇鄉的蛆防動態

我們在高歇鄉參加蛆防工作，已差不多有一個多月了，在這一個多月的時間裏，我很感謝地方人士的贊助，及果農們的熱心，才會得出今天的效果來，本鄉由明達熱快的地方人士組織一個蛆柑防治委員會，（每保設有分會）來處理蛆防的一切事宜，民教處又和蛆防隊混合組織了一個檢查隊，每天我們就配合他們一起工作，下鄉檢查，每到一保，就會同保上的蛆柑防治分會委員，即保長等挨戶檢查，鄉下佬和鄉間的兒童們，看見一些武裝同志荷着白色的檢查旗，他們都投了一瞥驚奇的眼，但是到了園戶家裏，說明我們的來歷，及怎樣防除蛆柑的法子，給他們講了，他們才明白我們是檢查隊，果農們他們都深深的明瞭了，這是關切本身的利害關係，當樹上發現蛆柑的時候，他們很努力的

農忙的時候，他們就發動了家裏的婦孺和小孩來担任是項工作，但有少許頑固的農(果)們不知利害，或因田間工作繁忙，忽略了未摘除蛆柑，我們就照公約上處罰(課)一元錢的罰金，這罰金都是交給保上作公益事用，在本鄉的罰款差不多，是作為購置電話機的費用去了，這樣亦可減輕人民的負担，且對疏忽蛆防工作的果農們一種警惕，這可說是兩全其美了，在本鄉受罰的人很少，他們都很踴躍的繳納罰金，從不拖欠，蛆柑最多的時候，要算在十月的下旬了，這段時間，我們的工作最緊張，因為我們要辦農地減租的宣傳登记換約等事項，我們就專門抽一個人出來辦理，有這時，我們在三四天要總檢查一次，(因人數不敷分配)檢查時甚至鄉長和鄉公所的幹事都来参加，他們純為了服务热忱的驅使，

华西实验区工作人员曾祥文所撰《高歇乡的蛆防动态》（一九四九年十一月十二日） 9-1-138（4）

华西实验区工作人员曾祥文所撰《高歇乡的蛆防动态》（一九四九年十一月十二日） 9-1-138（5）

[illegible]又忙，又[illegible]的[illegible]樣，現在本鄉的蛆防工作已近尾聲了（徹頂使我們欽佩不已），當我們走到任何一個角落裏，沒有發現蛆相的時候，我們的內心洋溢着萬分的愉快，我們將達成了我們的任務了，我們未辜負政府及鄉人的殷望，並寄語曾住本鄉[illegible]蛆相防治隊的同學們！我們繼續完成了你們的工作，我們彼此都發出成功的微笑，我們彼此都举手相慶，在他日相逢的時候。

曾祥文（已制卡）寫自高歇 十一月十二日

华西实验区江津甜橙果实蝇防治队第一区队第一分队工作报告、经费支付表、开办费支付表（一九四九年八月） 9-1-139（6）

閲 秉 卅八 八 廿五

3

江津甜橙果實蠅防治隊
第一區隊第一分隊

工作報告

卅八年八月四日

华西实验区江津甜橙果实蝇防治队第一区队第一分队工作报告、经费支付表、开办费支付表（一九四九年八月） 9-1-139（7）

4

中華平民教育促進會華西實驗區
江津甜橙果實蠅防治隊第一分隊 工作報告：

一、當地環境概況： 順江鄉濱於長江東岸，扼綦河入江之要衝，全境山脈綿延，自東南沿江走向西北，山間為谷地，沿江為丘陵，耕地面積估計約為一萬市畝，其中旱地佔水田面積三分之二。

全鄉行政區分劃為七保，自南向北約十八華里，自東距西約十二華里，人口共九〇三户，其中農業人口佔三分之二強，約為六五〇户，栽種果樹農户共六十六户。

[illegible]

株其中已發現有蛆柑之區域為二保六保一帶、其他在五保七保四保尚未發現蛆柑、發現之區域在接近仁沱一帶、樟有青缸林一帶地區、惟一般程度較淺、而人為強摘之災害尤甚於蛆柑之為害、當地人民亟思政府予以合法之保障。

關於其他柑橘常有之蟲害以天牛蚧殼蟲為害最厲、

二、當地人士之拜訪及果園位置之調查：自二十五日起至廿五日止、每日皆晨出晚歸、分保拜訪鄉中行政人員、民意代表地方士紳及大果園主及繪製鄉圖調查果園位置及果樹數目、詢問蛆害情形、並宣揚本隊工作意義、解釋工作進

华西实验区江津甜橙果实蝇防治队第一区队第一分队工作报告、经费支付表、开办费支付表（一九四九年八月） 9-1-139（9）

度計劃、闡述蛆害之嚴重情形，促使民眾利用原有組織配合本隊工作、外勤日期正值酷暑，而每日皆由鄉長親導領至、各保拜訪，故初步工作極為順利，一般人士對此反應俱佳。三十一日至一日整理資料繪製總圖（附圖一張）

三、劃分區域：根據果園位置之調查距場數里、果農户數、果農樹數目之多少及蛆害嚴重情形，劃全鄉為三區、茲將

1. 第一區為二四兩保，果農十七户，距場平均為四里左右，蛆柑為害較重、本區由廖文璠、龍孚祿負責、

2. 第二區為五、六兩保，果農二十六户，距場平均為三里左右、

貴

3、第三區為第七保果農二十五户，平均為七里左右，尚無蛆柑之發現，惟入為災害極為嚴重（詳見圖）本區由劉學鑑王震濤同志負責、

四、宣傳：宣傳分為口頭及文字二方面、

(一)口頭宣傳、拜訪及調查農家時宣傳本隊工作之意義、及步驟，此外並利用場期在各茶館分頭向各地方人士宣傳並發動民眾配合分區組織實踐工作、八月七日擬邀請全鄉果農坐談、擴大宣傳、本隊今後即分區由隊員負責向該區民眾利用機會隨時向民眾宣傳之

6

(二)文字宣傳 (1)各果農在調查時發給宣傳教材各一份並解釋之 (2)利用宣傳標語方式將有關宣傳之內容編成短文絜綱要領張貼於農民常至之場所、茶館街頭、(3)繪製連環圖片下附簡單文字解釋輪流張掛於各茶館街頭及公共場所、

五、組織農民及選給示範果園果農原有太陽會之組織、今為配合本隊工作起見現已有領袖人士發動改組成運銷合作社或農產促進會之形式向政府備案今後即由本隊配合鄉中行政機構及此等民衆組織推進工作至於示範果園之選定在初步調查后心中已有選到疑在晏場

及界區調查後正式者定合區

六、準備工作：鑒於農民之收穫農忙期間擬將調查工作提前現正向各方宣傳調查意義，分区準備中

七、生活情形：

1、作息時間：工作分内勤及外勤兩種，内勤作息時間晨間八至十二時，午后二至六時，外勤時間上午八時至午后六時

2、伙食住宿：伙食預算每人每月米一斗五升（左量）菜肴營養尚可，住宿地点尚寬敞，惟頗悶熱。

3、工友管理：本隊僱用工人一名，講定工資每月一老斗米，由本隊負責伙食住宿，同學管理之

华西实验区江津甜橙果实蝇防治队第一区队第一分队工作报告、经费支付表、开办费支付表（一九四九年八月） 9-1-139（13）

7

4、分隊聯絡檢討工作：七月廿一日第二分隊全体蒞臨本隊參觀並聚會檢討工作交換意見，次日本隊拜訪第二分隊晚上舉行同樂晚会盡歡而散

八、開辦費支付報告：附表（兩頁又劉輝）[illegible]

华西实验区江津甜橙果实蝇防治队第一区队第一分队工作报告、经费支付表、开办费支付表（一九四九年八月） 9-1-139（14）

8

第一分隊經費支付表

民38年 8月 17日.

收入：12/7 總隊付籌備隊部伙食基金 #15.00.

21/7 " " 50.00.

共計 65.00.

支出 ①. 伙食費用（9人）

22/7→30/7 （詳帳見伙食團帳）. #15.00.

3/7 " （見廖文瑞 劉學鍾 同志） 4.00.

1/8 " 6.00.

3/8 " 10.00.

10/8 " 5.00.

②. 辦公費（交劉德輝隊長）

1/8 " 2.00.

10/8 " 3.00.

③. 宣傳費用（交劉隊長）. 31/7 2.00.

④. 1/8 張浩鈞同志借支 1.00.

$48.00

結餘#17.00. 於八月十七日移交給分隊長劉德輝同志（附收據一紙）.

第一分隊領隊 吳天錫親具

已劃去

第一分隊開辦費支付表

38年8月4日

收：總隊部發給開辦費 $2.00

支：24/7	句邊紙	12張	$0.10
	毛筆	2支	10
	墨	1錠	10
	草紙	2刀(標本用)	10
	刷把 掃帚 碗碟一付		55
28/7	粉盖洋紙	2張	10
	連士紙	5張	20
	對方紙	10張	15
	調羹	1付	8
	開水壺	1隻	20
	小鉢	1个	8
	菜籃	2个	20
	釘子	斤	15
29/7	紅紙	1張	3
30/7	竹筷	1付	7
1/8	筲箕	1隻	10
	品迭墊付		31
		$2.31	$2.31

经手人 劉德輝 呈

劉德輝

华西实验区江津甜橙果实蝇防治队第一区队第一分队工作报告、经费支付表、开办费支付表（一九四九年八月） 9-1-139（15）

华西实验区江津甜橙果实蝇防治队第一区队第二分队壁报、标语（第一期）　9-1-139（18）

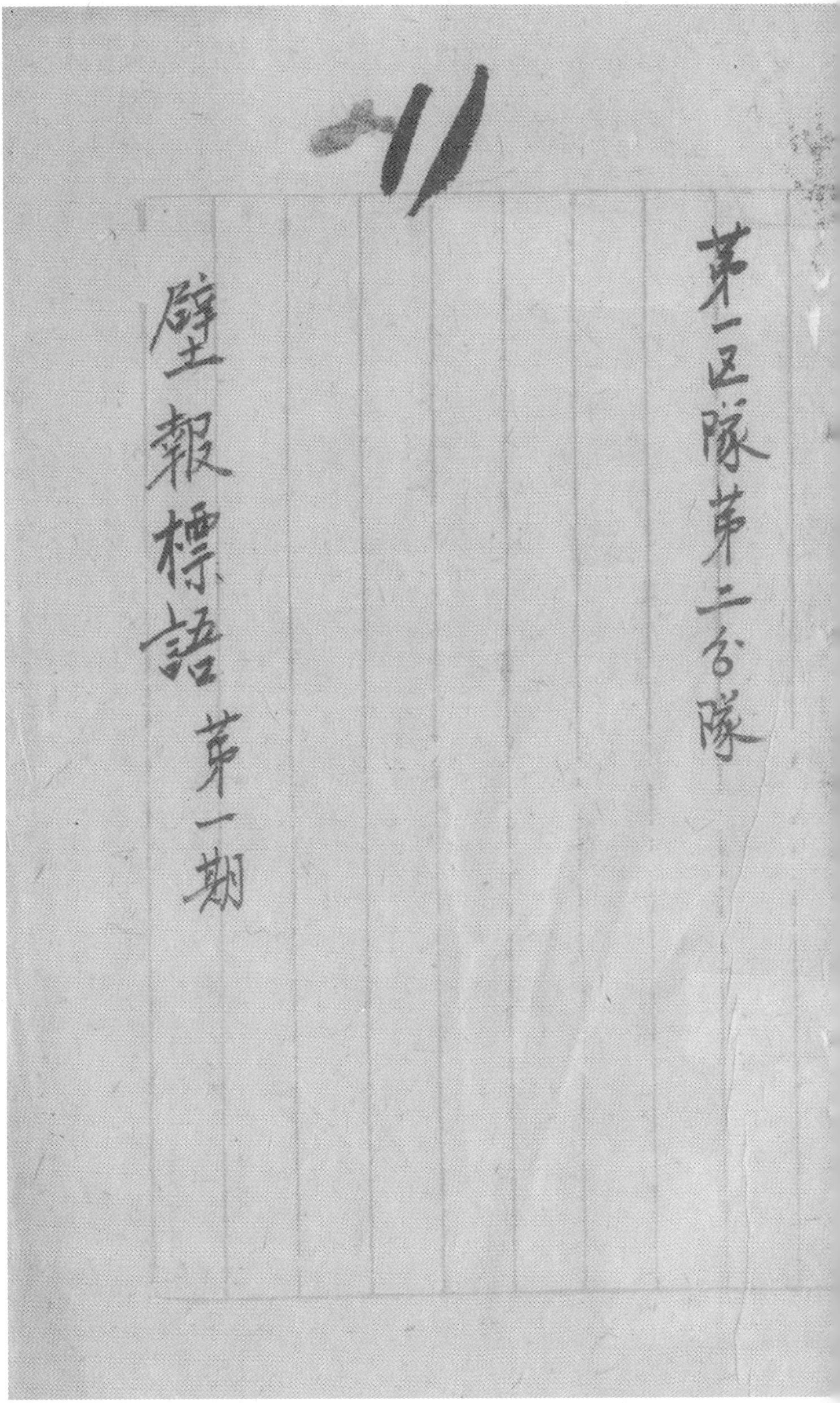
11

第一区隊第二分隊

壁報標語 第一期

华西实验区江津甜橙果实蝇防治队第一区队第二分队壁报、标语（第一期） 9-1-139（19）

12

廣柑蛆蟲防治法

江津廣柑硬是值錢的東西，可惜生了蛆柑虫，為了公私兼顧，諒必大家还是趕快除虫的好。

根據果实蠅生活史（果实蠅，本地有称為蛾子的），可分為蛆虫防治法，蛹的防治法和蛾子防治法，这三種方法中，又可分為許多小方法。

一、蛆虫防治法：蛆柑現黄後而未落地之前便一律摘下来，堆在一起：

甲、用火燒：放在炉竈裡，或火堆裡燒死。

乙、用水煮：把蛆柑剖開，放在開水鍋裡煮死。

华西实验区江津甜橙果实蝇防治队第一区队第二分队壁报、标语（第一期）　9-1-139（20）

丙、石灰藥水：把虫柑[illegible]丟在石灰藥水[illegible]

丁、毒死：用D.D.T（抵抵體）泡在水坑裡，然後將剖開的蛆柑丟進去，經短時間撈起來，蛆虫即被毒死。

D.D.T（抵抵倖）是一种灰色藥粉泡洋油噴射殺昆虫最有效。

二、蛹的防治法：蛆柑落地，蛆入土中，化成蛹，可將泥土翻起使蛹在風吹雨打，鳥啄鷄食之後，減少一部份。此法應用起來不大方便，也不易徹底，只能小規模試用。

三、成虫防治法：打殺果實蠅也有幾种法子：

甲、膠沾法：果實蠅性情比較不愛活動，可用有沾性的東西，如蜘蛛網之類，沾捕之。

华西实验区江津甜橙果实蝇防治队第一区队第二分队壁报、标语（第一期）　9-1-139（21）

13

乙、網捕法：有的時候，果实蝇还是要飛的，可用漏斗形的網子網捕之。

丙、燈殺法：利用果实蝇如火光的習性，晚间，可用捕虫灯或燃起火堆，使果实蝇自尋死路（但莫燒掉果实園子）。

丁、还有其他各法，如日晒法，利用寄生蜂等等，限於篇幅，不再贅述。但其中以第一种蛆虫防治法較為可靠，其餘各法可依季節之不同相輔而行，總之以殺盡滅絕果实蝇，增加廣柑產量為最大目的。

蛆柑是哪喀来的

华西实验区江津甜橙果实蝇防治队第一区队第二分队壁报、标语（第一期）　9-1-139（22）

江津廣柑確是好，吃道香甜[illegible]。
無奈近年遭虫害，小小柑子变黄了。
個是個家落滿地，撿了拿来剖開看。
里头一定有虫子，虫兒活像毛剅蛆。
这起蛆兒第一怪，多变好比猪八戒。
一变再变三四变，蛋变蛆来蛆变蛹。
蛹兒又变成蛾子，每年当到八九月。
蛆柑落地出入土，出变蛹兒过隆冬。
不吃不扭不得死，等到来年立夏後。
蛹变蛾子鑽出土，飛来飛去找歇處。

14

一找找到柑子树，死皮赖脸不肯走。
公的母的成夫妇，母蛾头小屁股尖。
专门生蛋柑子里，经过十几二十天。
蛋儿一变又成蛆，蛆儿藏在柑子里。
钻来钻去坏了子，广柑只害早黄熟。
落得烂子满都是，年年辛劳空白费。
想来心中硬是气，骂声害人小虫子。
总要设法整倒你，大家齐把蛆柑摘。
挖坑放药淹倒起，这回看你死不死。
蛆甘除尽又成好，黄柑出卖开笑颜：

华西实验区江津甜橙果实蝇防治队第一区队第二分队壁报、标语（第一期） 9-1-139（23）

华西实验区江津甜橙果实蝇防治队第一区队第二分队壁报、标语（第一期） 9-1-139（24）

各位父老兄弟们，若要詳明蛆柑事，
王爺廟里向端詳。

開頭語

我们这个壁报，是以介绍本隊工作和幫助農民，防治蛆柑為目的，同之我们希望地方行政机关以及地方父老兄弟姊妹们与我们緊密地联繫，多多賜予我们宝貴的指示和意見，使它一天比一天茁壮，有力，使它獲得廣大的群眾基礎，以期達到我们宣傳的目的，和实際幫助農民解答一些問題。

本隊介紹

华西实验区江津甜橙果实蝇防治队第一区队第二分队壁报、标语（第一期） 9-1-139（25）

敬愛的父老兄弟姊妹们：

在未介紹本隊以前，我也得先簡单的介紹「中華平民教育促進会」。中華平民教育促進会，简称「平教会」。平教会是晏陽初博士与其同道朋友在民國十二年組織的，而它的組織本身是一个学術團体，而它的組織目的是建設中國鄉村。在民國十五年以河北定县為实驗县。抗战後，定县淪陷，始迁来四川，在巴县壁山北碚、綦江、江北、合川、銅梁等開设「華西实驗区」，以四大教育来医治中國老百姓四大病根—以生計教育治貧；以健康教育治弱；以識字教育治愚；以公民教育治私。

华西实验区江津甜橙果实蝇防治队第一区队第二分队壁报、标语（第一期）　9-1-139（26）

我们的工作立場，是建設[illegible]

政府来做这个工作，以备将来抽丁的税，我们的经费是平教会華西实驗区的，我们决不榨取老百姓分文，也不損害老百姓一針一線，一草一木，这是特别要希望父老兄弟姊妹们明瞭的。

至於我们的工作计劃，約可分為三个階段：

第一个階段，是果園位置調查及绘製全鄉区域和果園分佈图。

第二个階段，是蛆柑防治之宣傳和農業概况調查，但这裡必須声明一点，我们这个调查决不是替任何政府调查，而是平教会華西实驗区要借这个调查的結果，来明瞭本鄉農村的实际情况，以备将来在江津南区和展開工作的根據。

华西实验区江津甜橙果实蝇防治队第一区队第二分队壁报、标语（第一期） 9-1-139（27）

16

第三个階段，是発動農民採摘受害的果实，和設立殺虫站实地幫助農民殺滅蛆柑。

四川廣柑之特点及其經濟價值

據專家研究，四川的廣柑比世界任何各国家的廣柑都要好，裡面所含的糖量酸量及果汁量是非常適度的，因之味道很好異常可口，而唯一的缺点就是种子太多，但此缺点是可以改良的，如真武中国農民銀行園藝示範場就有改良的廣柑——中農一號。

廣柑的營养價值，根据科学的研究，廣柑裡面有很多的滋補品，可以提神解渴、充饑，和幫我们的消化等。故廣柑是一种很好的果

华西实验区江津甜橙果实蝇防治队第一区队第二分队壁报、标语（第一期） 9-1-139（28）

一千五百多萬枚，是四川三大（桐油、猪鬃、廣柑）生產之一，每年都有大批應市國内，如重慶、上海、南京等処。若四川廣柑再加以科学的管理、貯藏、包裝，運至國外，必在國际貿易上佔一重要地位，此不僅增加四川國民經濟之收入，而且也替國家換回一筆鉅大的外匯。

可惜近三四年來，蛆柑蔓延在綦江、笋溪河流域一帶，且一年比一年厲害，若不及時防治，恐怕再过幾年，四川廣柑要絕跡於市場了！本教会華西实驗区有見及此，乃特成立江津蛆柑防治隊，義務替老百姓防治蛆柑，但亦敬希所有園戶，大家齊心齊

华西实验区江津甜橙果实蝇防治队第一区队第二分队壁报、标语（第一期） 9-1-139（29）

17

力，除盡蛆柑，保証大家明年一定豐收！

江津廣柑受害情形

四川的廣柑以江津的產量為最多，而江津的廣柑又以綦河和笋溪河一帶為主要產地，因此綦河一帶的廣柑老闆們每年都有很大一筆收入，這收入比种糧食还強。可惜現在蛆柑多起來了，綦河上流的廣柑與五福、賈嗣、青泊、先峯、永豐、和平等鄉蛆柑最兇，廣柑还沒有成熟就落地了，其中一百當中只能得到十幾个，千多柑子，只得百多个，這樣收入賣錢还不够每年上糞修枝用。蛆柑害得他们無办法，有的主張砍樹子，免得遮莊稼，

[illegible]

其他没有摘的仍一樣的未害那些已經摘了的地方的柑子。

仁沱、真武、順江过去没有蛆柑，現在発現了，不过不很多，但不防止，將来是会增多像廣興五福一樣没有收獲。

蛆柑虫的傳佈，有三种情形：(一)河水流来，因廣興一帶的蛆柑向河裡丢，蛆就隨柑子在河边生存了。(二)人的傳佈：廣興一帶的蛆柑由人挑到仁沱来各处乱丢，繁殖起来的；(三)果蝇能飛，乘風飛来。但不管傳佈得快，只要大家一齐搞，一齐除，是可以除盡的。

华西实验区江津甜橙果实蝇防治队第一区队第二分队壁报、标语（第一期） 9-1-139（31）

18

標語

一、我們純粹是來幫助果農消滅果蠅和蛆柑的。

二、我們是一群大學的學生，利用暑假來替老百姓服務的、

三、我們不取老百姓分文，專來替老百姓服務。

四、江津廣柑硬是好，可惜生了廣柑蛆、

五、廣柑蛆繁殖快，不消滅是大害、

六、要想廣柑收成好，除非大家齊心來除害、

七、蛆柑想除盡，大家要齊心。

、蛆柑除盡了，收成才会好、

华西实验区江津甜橙果实蝇防治队第一区队第二分队壁报、标语（第一期）　9-1-139（32）

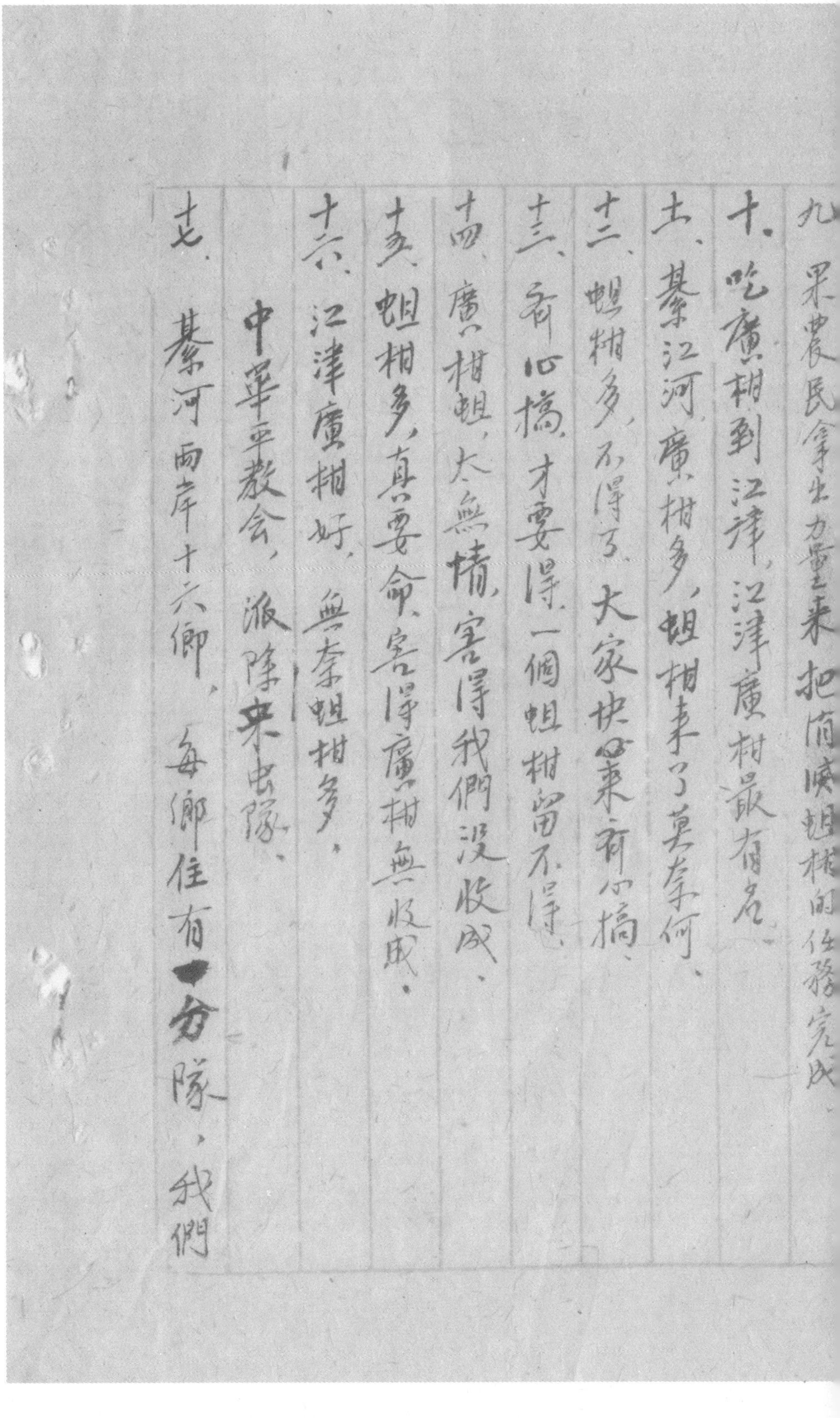

九、果農民拿出力量来把消滅蛆柑的任務完成

十、吃廣柑到江津，江津廣柑最有名、

十一、綦江河，廣柑多，蛆柑來了莫奈何、

十二、蛆柑多，不得了，大家快來齊心搞、

十三、齊心搞，才要得，一個蛆柑留不得、

十四、廣柑蛆，太無情，害得我們没收成、

十五、蛆柑多，真要命，害得廣柑無收成。

十六、江津廣柑好，無奈蛆柑多。

中華平教会，派隊來虫隊、

十七、綦河两岸十六鄉，每鄉住有一分隊，我們

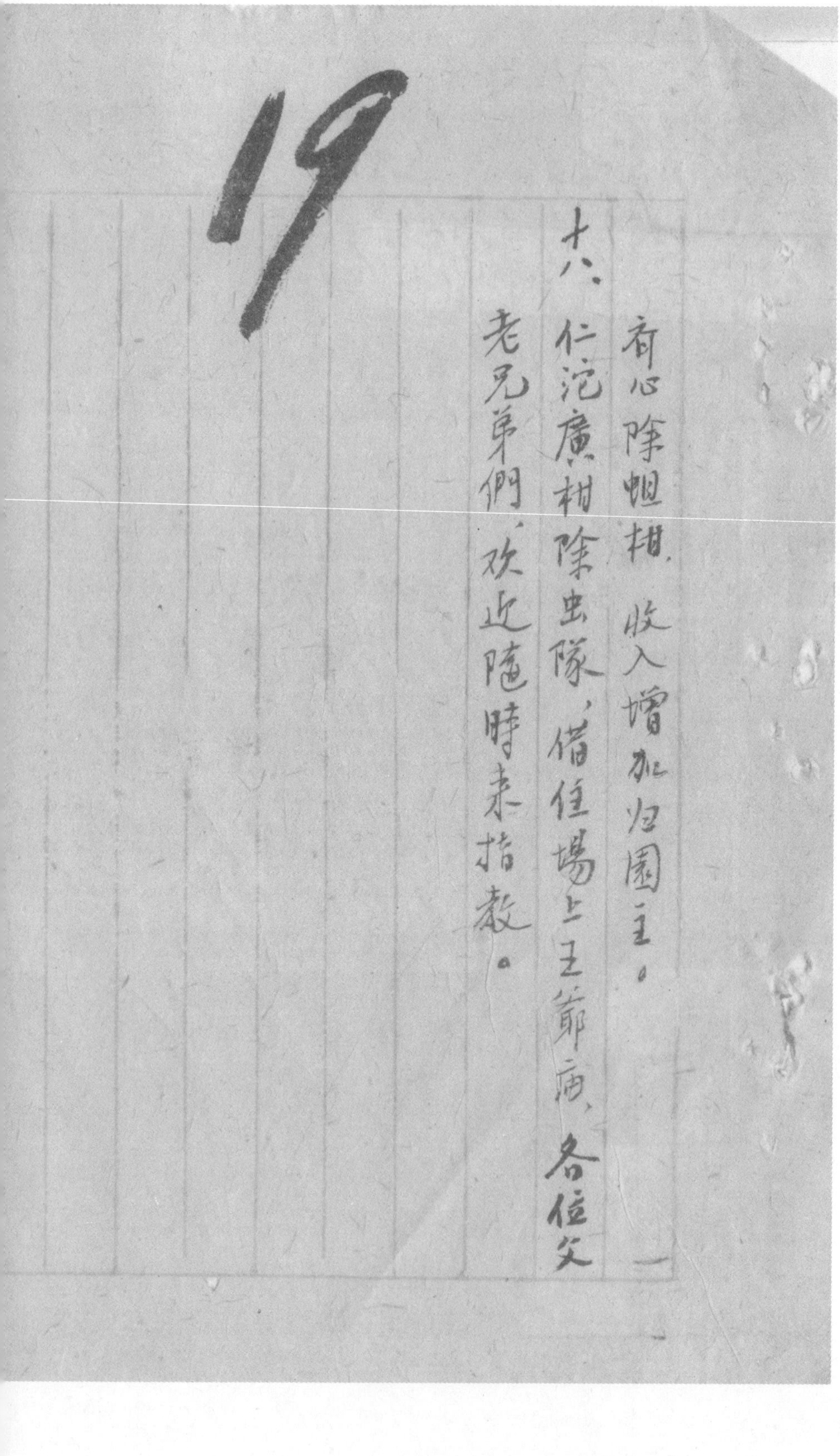

19

有心除蛆柑，收入增加归園主。

十六、仁沱廣柑除虫隊，借住場上王爺廟，各位父老兄弟們，欢迎隨時来指教。

华西实验区江津甜橙果实蝇防治队第一区队第二分队壁报、标语（第一期） 9-1-139（33）

华西实验区江津甜橙果实蝇防治队第一区队第二分队壁报、标语（第一期） 9-1-139（34）

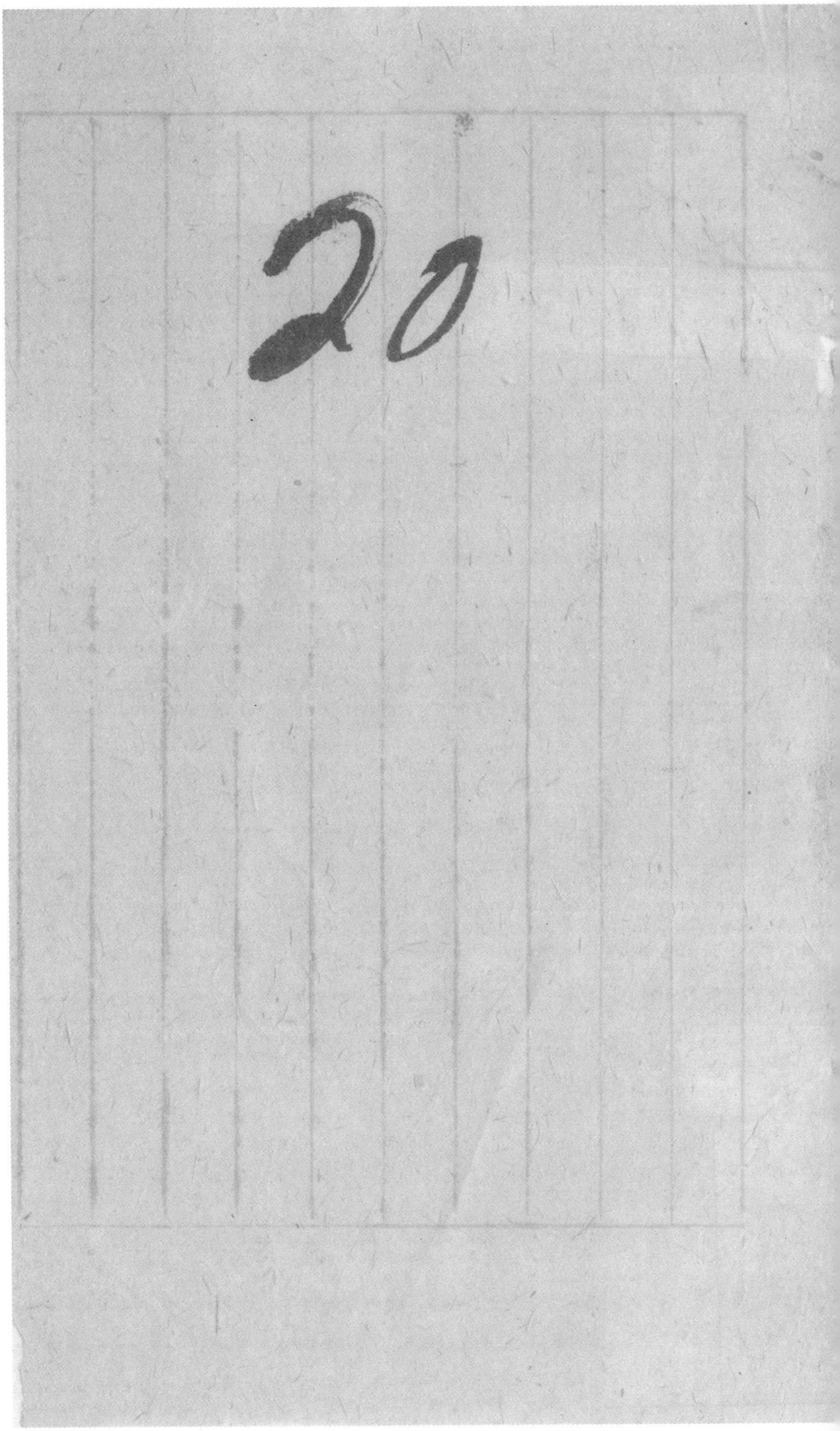
20

华西实验区江津甜橙果实蝇防治队第一区队第二分队工作报告（一九四九年八月十二日） 9-1-139（76）

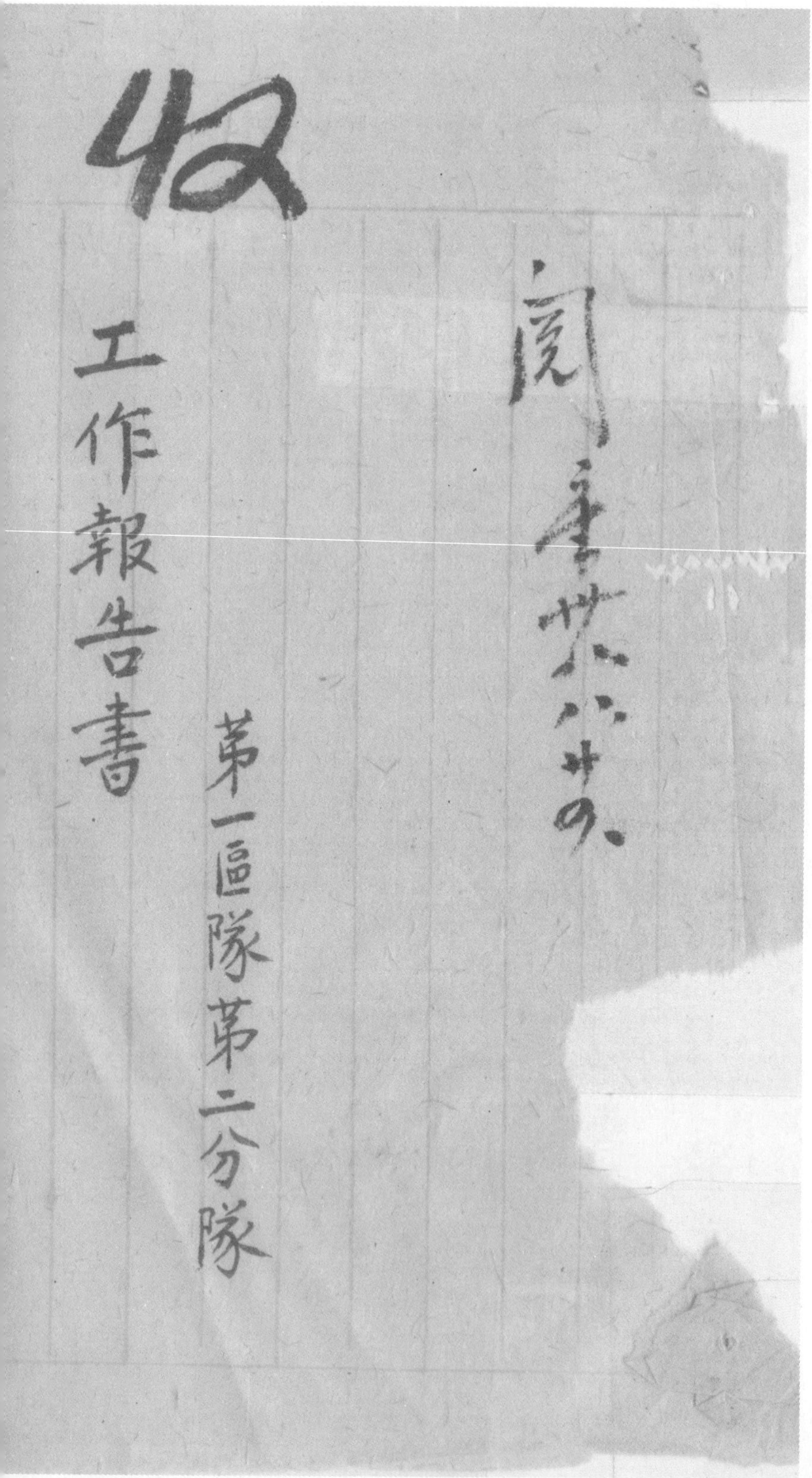
收

閱

工作報告書

第一區隊第二分隊

华西实验区江津甜橙果实蝇防治队第一区队第二分队工作报告（一九四九年八月十二日）　9-1-139（76）

华西实验区江津甜橙果实蝇防治队第一区队第二分队工作报告（一九四九年八月十二日） 9-1-139（35）

21

工作報告 八月十二日

報告者 王崑巍

I、工作情形

(一) 工作計劃：本隊工作計劃根據總隊部所印發之「工作進行須知」擬定之，且鄉建工作困难橫生，致工作日程不能主观地作硬性之安排，應對針客观情形之需要隨時更改与修正，故本工作計劃只能作原則性的大体的規定於下：

1、第一階段—七月廿一日起至八月十五日止应完成事項：

(1) 認識地方環境与联絡地方領袖及青年朋友；

(2) 果園位置之初步調查；

华西实验区江津甜橙果实蝇防治队第一区队第二分队工作报告（一九四九年八月十二日） 9-1-139（36）

P.1.

2. 第二階段—八月十六日起至九月十五日止應完成事項：

(1) 宣傳工作之展開；

(2) 果園和農業概況調查；

(3) 工作區域之劃分；

(4) 選定示範果園二處；

(5) 發動果農組織廣柑產銷合作社（但得看果農需要与否而決定）。

3. 第三階段—九月十六日起至十月十五日止應完成事項：

(1) 發動果農採摘受害果實；

华西实验区江津甜橙果实蝇防治队第一区队第二分队工作报告（一九四九年八月十二日） 9-1-139（37）

(2) 設立殺虫站；

(3) 工作記載。

(二) 一月來之工作：

1. 聯絡

(1) 聯絡方式——由上層到下層，即先聯絡鄉長區指導員、縣參議員、鄉民代表主席，次則聯絡保甲長、地方青年朋友及果農。

(2) 聯絡情形——以隨時与地方聯絡為原則，茲將其犖犖大者記錄於下：

七月廿二日，訪問鍾鄉長和鄉指導員，

P.2.

七月廿[illegible]

七月廿六齊會當地青年朋友；

七月廿九日召集鄉保長及地方父老兄弟联合會議，會後專程訪問當地父老袁觐光老先生。

八月一日召集第三、四保保甲長及果農聯席會議。

2. 果園（成林者）之初步調查——（附表冊一份）

七月廿三日調查第三、四保：第三保共有果園廿五處，約有果樹2710株；第四保共有果園五處，約有果樹790株。

七月廿四日調查第五、六保：第五保僅有果園一處，約

华西实验区江津甜橙果实蝇防治队第一区队第二分队工作报告（一九四九年八月十二日） 9-1-139（39）

23

有果樹50株；第六保共有果園六處，約有果樹1490株。

六月廿三日調查第七保，該保共有果園四處，約有果樹300株。

六月廿七日調查第八、九、十一、十二保：第八保共有果園三處，約有果樹131株；第九保共有果園四處，約有果樹95株；第十一保共有果園二處，約有果樹110株；第十二保之果園均未成林。

七月卅日調查第十保，該保共有果園十六處，約有果樹375株；

华西实验区江津甜橙果实蝇防治队第一区队第二分队工作报告（一九四九年八月十二日） 9-1-139（40）

B.3

三、繪製全縣地域和果園分佈圖：全縣地域和果園分佈圖自七月廿三日起開始繪製，即一面調查果園，一面繪製保界和果園草圖。草圖一直至本月（八月）十一日始完成。

4、宣傳：

(1) 文字宣傳：

①壁報——八月廿五日出蝇防壁報第一期。

②標語——七月廿三日張貼一次；八月五日張貼一次。

(2) 口頭宣傳：

①個別宣傳——拜訪保甲長和果農等時，便向

华西实验区江津甜橙果实蝇防治队第一区队第二分队工作报告（一九四九年八月十二日） 9-1-139（41）

彼等說明本隊工作之意義与目的，和解釋蛆柑之為害情形、果蝇之生活史以及蛆柑之防治法等。

②集体宣傳：

a、召集各種會議（鄉保長聯席会议、保甲長、保農会议等）時，當衆宣傳之；

b、有旨設詢問處於義友大業社与烟銀業社、宣傳內容為解釋本隊工作之意义与目的、蛆柑防治法、果蝇生活史等其宣傳資料有果蝇標本、蛆柑、果蝇生活史圖、受害果實圖、傳播途逕圖等。

P.4.

月九日我們正式開始調查第三保第一、二、三、四、五甲。昨日首次調查不免有點生疏和碰着許多困难，致調查結果非常不好，兩組共調查了四戶。

月十日調查第三保第五、七、八甲，本日兩組共調查了六戶。

6. 當地環境之初步認識——本鄉（仁沱）雖有新舊派別之分，但兩派之鬥爭與摩擦並不見得怎樣嚴重，而我們不討好任何方面，只要與本隊工作有利者我們都應與之合作與聯繫。

华西实验区江津甜橙果实蝇防治队第一区队第二分队工作报告（一九四九年八月十二日） 9-1-139（43）

25

7、果農之態度与意見：

(1) 果農之態度——一般說来果農之反應都不見得怎樣強，致對本隊工作之希望亦不高，但有一二果農對本隊工作寄与無窮之希望、

(2) 果農之意見有：

① 有一二果農希望本隊協助他們組織廣柑產銷合作社；

② 有少數果農希望華西實驗区来此地開区；

③ 希望用政治力量来採摘蛆柑和禁止蛆柑買賣；

P.5.

[illegible]

半，铸皮虫等。

8. 工作之困难与心得：

(1) 工作之困难：

① 联络方面：

a. 很难得到地方行政机关之有力支持与帮助。

b. 很难召集保甲会议与果农会议。

② 宣传方面：

a. 不易澈底消除果农对我们之怀疑；

华西实验区江津甜橙果实蝇防治队第一区队第二分队工作报告（一九四九年八月十二日） 9-1-139（45）

26

b、果農所提出的有些問題不能解答，如提出農作物之各种病虫害等。

③調查方面：

a、廻避調查，致不得要領而返；

b、彼調查者不說实话，須費很多時間去周旋；

c、難得會到戶主，致走了很多冤枉路。

④人事方面——本隊領隊於八月四日返家，接着夏润棠同學於八月十日請假回家，致本隊工作力量大為減弱。

⑤其他——本鄉第十保距離本隊工作住址三十餘

华西实验区江津甜橙果实蝇防治队第一区队第二分队工作报告（一九四九年八月十二日） 9-1-139（46）

P.6.

(2) 工作心得：

甲、處事方面：

a、对個人：

(a) 要有健康的身体——才能爬山越嶺，耐熬；

(b) 要会説，会寫，会听——才能勝任愉快。

(c) 要合作，自動，負責——才能增加工作效率；

(d) 要守時守信——才能樹立群眾之信仰，与減少工作之困难。

b、对團体：

华西实验区江津甜橙果实蝇防治队第一区队第二分队工作报告（一九四九年八月十二日） 9-1-139（47）

27

(a)要有周密的計劃；
(b)要有賢明的領導与合作服從；
(c)要有嚴肅的檢討。
乙、对人方面：
a.对同事：要彼此了解，互相慰勉，互相体貼，互相規劝，使团体生活过得和諧有趣。
b.对外人：
(a)对青年朋友要坦白、誠懇、活潑——；
(b)地方首長要相見以誠，相守以信，要謙恭、

华西实验区江津甜橙果实蝇防治队第一区队第二分队工作报告（一九四九年八月十二日）　9-1-139（49）

P.7.

(c) 对長老要恭而敬之，尊而重之……；

(d) 对農（果）民要和靄，要熱情，要表示關切……等。

丙、調查方面：

a、不一定要按表格次序调查；

b、首先应详细说明调查意义，再进行调查；

c、原則上应多听取对方之意見，但对方谈话離題太遠時應隨機轉變对方談話內容，以達到我們調查的目的；

华西实验区江津甜橙果实蝇防治队第一区队第二分队工作报告（一九四九年八月十二日） 9-1-139（50）

28

a. 多提當地有声望之父老与我們合作之情形，以增加被調查者对我們之信心；

b. 多用摆谈的方式去進行調查。

华西实验区江津甜橙果实蝇防治队第一区队第二分队工作报告（一九四九年八月十二日） 9-1-139（51）

29

Ⅱ、生活情形：

来到仁沱，已经是将近一個月了，虽然只有一個月的時间，但已足夠証明個人再集体生活完全是两樣的，無論是在工作方面或者学習方面都比個人所得到的收獲多，当然也有好多地方不如理想，也許是年青人不太安於現实環境吧！

每天除了果園位置的调查、資料的整理、晚上的檢討，更有不少精彩的插图，不但充实了我们工作的内容，也使我们的生活更加趣味化了。

华西实验区江津甜橙果实蝇防治队第一区队第二分队工作报告（一九四九年八月十二日）　9-1-139（52）

們又[illegible]着也喜欢[illegible]，日[illegible]

着凳子到那只有一顆樹的院子裡去，其实呢是最凉快了
拿着二胡跟来，弦声一响，我们各式各樣的歌声也就伴奏
起来了，然後同男同学们到河裡去游水，女同学還不好
只能端个小盆在屋裡洗澡。
仁沱場是第一区最大的場，比較其他地方方便，也
正因为這樣來往的客人也很多，尤其是一批青年朋友
不但談得来，而且還歡投机，他们對於我们的工作也表
示熱心的关懷，和許多寶貴的建議，然而有時也感到有
點疲勞更轉昏，在無法推脫時，我們成了兩三次被請的客

华西实验区江津甜橙果实蝇防治队第一区队第二分队工作报告（一九四九年八月十二日） 9-1-139（53）

人。記得有一次晚上，在本鄉最有声望的袁老太爷家吃晚飯，他們那种招待和親切真使我們感到受寵若驚，藉此也和鄉長混熟了一點。其中有一个笑話就是吳宗不知道别人給他的是紙烟而接在手裡了，又不好意思放下，只有愁眉苦臉像啞子吃黃蓮似的抽完了一支。

為了調節生活的單調乎淡，我們还在并不能称太寬敞的办公室貼了各种表格和册子。其中有一張是体重身高的表，每半月称重一次，第二次称重，結果除夏潤外，每人都增重了，少是兩斤，多至四斤。間或我們也到乡我们在本分队[illegible]性格不同，也免不了要引起一些小的争执，或者在一段间隙完，个人主义的作风使我们的生活显得有点散慢，为了工作上的困难和工人做事太慢不能按时开饭，的确也影响了大家的情绪，我们住的地方很热，尤其是当单人来挑米的时候，实在也叫得人不快。领队说好八号回来，可是到现在还无音信，更闷又离开我们，我们感到了寂寞和冷静，我们都急切的期待着能有新的朋友加入到队里来，我们将伸出暖和的人手来迎接。

华西实验区甜橙果实蝇防治队江津马鬃乡第九分队工作报告书 9-1-139（56）

閱 章 卅八、八、廿四

32

馬鬃第九分隊工作報告書

一、工作情形｜從到達工作地點後，本隊即先與地方上之首要人士接觸，然後即開始宣傳性的果園拜訪工作，一方面在求認識果園之園主以及該園的果樹數目、病虫害的情形、果園管理的概況，再一方面即與果農講解柑桔的來歷、果實蠅的生活史、為害情形的嚴重性以及一般的有效的防治辦法，並指出少數果農所誤用之方法，目的在使他們自己能知道如何處理柑桔、防除柑桔，俾將來能自動全鄉果農共同一起作普遍性的、有效的、柑桔的防除工作。在這段時期中本隊全人都曾發揮了最大的工作效力，我們一直是在與暑熱

[illegible]我們每天早上、[illegible]、[illegible]着有果

华西实验区甜橙果实蝇防治队江津马鬃乡第九分队工作报告书　9-1-139（57）

園的地方、跑[illegible]

在一保長或甲長處煮飯，我們自己帶着米，也帶着菜，飯後即
他家裡休息一二小時，然後再繼續我們的工作，直至夕陽西墜、黃昏
來臨的時候，我們才帶着從工作中得到的愉快的心情，慢步的迴
回我們的休息地点——馬鬃寺。
在這段時期中，我們休息時間，大約是四五天一次，在本隊同人都
有倦意，都需要休息的時候，我們便決定休息一天，以恢復數日來的
疲勞。試以雖然馬鬃鄉地域極為廣大（一共有廿保）果園的分佈非常
零落，但我們在七、八日內，但把它踏遍了，到處都留下了我們的足跡。
這時關於果園的分佈概況、果樹的株數目、受害的情形，我們也有

华西实验区甜橙果实蝇防治队江津马鬃乡第九分队工作报告书 9-1-139（58）

33

大概的輪廓了。更因與園主的詳細交談，關於示範果園的設立，也略具雛形了。

至於本隊的宣傳工作，則因客觀環境的影響，我們沒有作街頭的壁報的標語的宣傳，而僅々是在召開保甲會議的時候，以及在拜訪果園々主的時候，儘量地給他們聲明我們的立場，我們的背景，和我們的來意，我們認爲這是最實際的，最能使果農領悟的，而且更是最有效的宣傳工作方法。

我們的初步拜訪工作，大約在本月三日時便完成了，以後便是整理我們所採集的資料，繪製了果園分佈概況圖並編纂了初步調查清冊，此時因爲總部的調查表尚未發下，所以我們更按照

[illegible]

的熟悉、了解、調查時技術的探討等。

五日調查表到了，我們趕緊地商討了調查的方法、調查時的態度、調查表的問題，以及調查的進行程序和步驟等許許多多的問題。七日便開始了正式的調查，因為每保的果園并不太多，所以我們決定每天至少調查一保，并且採定先由邊遠的地方起，逐漸向內推進的先勞後逸的辦法。每日早上七点多鐘出發，每分為三組，每組負責三戶至四戶人家，直至調查工作完成之後，方才返回馬鬃寺休息處用午膳。下午的時間我們則用以整理調查表，填寫清楚，用鉛筆寫在調查表上的數字。

晚上，在明媚的月光下，微風的吹拂中，我們便開始了每日的檢討會。

华西实验区甜橙果实蝇防治队江津马鬃乡第九分队工作报告书 9-1-139（60）

34

各組把到的報告當日的調查情形，所遇的困難及對調查的技術之改進，并討論着翌日工作的推進。

工生活情形——走出了馬鬃場口，抬頭便可以望見一个小叢林，林中隱約的露出一些破壁頹垣，那便是馬鬃寺了。

馬鬃寺是在一個山頂上，從山腳到山頂，要走六七百步，馬鬃場便緊緊的依偎着山麓，這些廟已經有幾百年歷史，朽壞得非常利害，這兒也是江津馬鬃鄉中心校的所在地，我們幾人便住在中心校的辦公室裡，七八人擠擠一堂，歡樂歌舞，也别有風趣。

必定要下山去，這一个山坡我们每天不知要跑多少次，這也不

我們練習身体的机会，所以自從到達馬鬃後，本隊同人未曾有一人染病，相反地，身体都慢々地健壮起来了。

這裡非常幽静，没有市纏的嘈雜声，只是因为地執較高，用水非常困難，這是我們生活上最不平安的一点，山顶的周圍雖然有井，但因久天不雨的關係，水源断绝了，飲水需要到两里以外的地方去挑，工人精力有限，一天那能挑很多的水，每日從苦累的工作去得到的满身臭汗，几乎还不能得到一盆冷水来洗滌乾淨，至於洗衣服的用水，那更是少極了，半盆水可以用着洗臉，洗衣和洗澡，它的用處委实太多了。

35

馬鬃的物價除米以外，其他的東西還算便宜，所以我們可以儘情地"奢華"，每餐可以多吃幾樣新鮮的蔬菜。這裡每日早晨有一個菜市，我們每日有一位採買，一大早便去購買新鮮的剛從鄉裡送來賣的蔬菜，這是很富於營養的，每逢場期或特殊事故我們便可大打其牙祭，以滋養滋養我們的身体。

這裡因為地勢比較偏僻，距離其他各隊很遠，所以對外的聯絡交通簡直太少了，其他各隊的消息很少得知，其他的工作同人很少來拜訪，本隊同人亦罕有他去，所以我們似乎是生活在一個[illegible]的[illegible]很[illegible]的圈子裡了，又有新鮮的消息刺激我们，鼓舞我们，使我们得到更大的欣慰和愉快。

每日的黄昏，當我们吃过晚餐後，總是帶着一條板櫈到廟外去乘涼，我们七位同学都聚集在那裡，大家先談談一天來的工作情形、感想，並討論如何進行明日的工作，然後便開始聊天了，海角天涯無所不談，我们更在那月白風清的美景裏，儘情地歌唱着「麥田的微風吹醒了夏夜夢，迷惑的星星點點綴着藍天……」的悅耳動人的曲子，讓一天來的疲勞在快樂中逝去，讓一天來的困倦在歡笑中消失。

三、對当地環境之初步認識

馬鬃是一个有着兩條街的場，因為行政區域的劃分，使它分離了，有一條街是屬於江津的，另一條街卻屬於巴縣的，所以在這个兩條街緊联着的場内，有着兩个不同的行政机構，江津馬鬃有江津馬鬃的鄉公所，正副鄉長、參議員、鄉民代表等，巴縣馬鬃也有巴縣馬鬃的鄉公所，正副鄉長、參議員、鄉民代表等，因為行政權的不統一，所以在這一個場内的兩鄉間，常醞釀着一些摩擦隔核，因而常隱伏着一股不調協、不合作，彼此互相猜忌的潮流，所以在對人處世方面我們感到是非常困難，不容易應付，所以当我們在此地方上人事交往的事実，並不是十二分[illegible]

华西实验区甜橙果实蝇防治队江津马鬃乡第九分队工作报告书　9-1-139（65）

兼顧到巴縣馬鬃的人士，我們不能只與江津馬鬃的人事接觸，而與巴縣馬鬃的人事疏遠。因為這對我們工作的進行是有礙㈣有妨害而無利益的我們要靠他們雙方的幫助工作才能順利進展的。

復次在馬鬃還潛伏着許許多多的袍哥勢力，有的袍哥大爺他們的權力甚至比鄉長還來得大，他們在鄉裡的地位都很高而且一般老百姓都聽從他們，雖然他們的学問，品行，道德都不好，因此對於這一批人，我們也不能得罪他們，雖然他們對我們的工作毫無幫助，我們也要必恭必敬的對待他們，但求其對我們的工作不加阻碍，不加摧残，妨害就行了。

华西实验区甜橙果实蝇防治队江津马鬃乡第九分队工作报告书　9-1-139（66）

37

兩鄉的鄉長對我們的工作都不太熱心，雖說江津馬鬃的鄉長有時也幫我們一些小忙，但都只是敷衍應付不够熱忱。除此之外，只有江津的參議員李先生對我們的工作才比較熱心，也比較勇於幫助。因此我們在馬鬃是沒有能得到地方首要人士的熱烈贊助，只有得着他們平民的友誼，所以我們只能從工作的努力中來博得普遍大眾的同情與協助了。

在日常生活中，我們有时也感到非常興奮鼓舞與愉快，那就是我們不時能得到一些熱忱的果農，和地方上有志青年的鼓勵讚美與愛戴，激動了我們胸中的熱情，使我們覺得我們非要拿[illegible]

務工作。

四技術的困難和一般果農的意見——馬鬃的面積，在此次我們的工作地点中，恐怕要算最大的了，它一共有廿保，果園也相当多，但是非常零落散慢，多不集中，因此我們要想照顧周到，都是非常不容易的事，這恐怕要算我們感到最困難的事了，人不夠分配，工作不能普遍，工作效率自然不能達到很高的水準了，其次地人士的不太热心，使我們的教化開導的教育力量不能與政治力量配合，共同施用，相輔而行，使果農自己團結起來，共同訂立公約，以作有效的而又普及的互相的防除工作，以將來我們的工作中心，不能側重於示範果園方面，只有以我們不斷的努力的工作

华西实验区甜橙果实蝇防治队江津马鬃乡第九分队工作报告书　9-1-139（68）

38

來喚起一般果農的熱心，這也是我們的困難之一。

除此人數不够分配，地方人士不太熱心兩困難而外，其他的就要算調查上的困難了。

（一）調查表的問題：下鄉調查，首先碰到的一個難題，便是調查表的問題了。它是太仔細而过於囉嗦了，並且上面还有很多的項目不能適合於中國一般鄉村的情况，不但一般果農沒有這多时間來給我們詳細地一一的回答，而且還由於這表引起他們的猜疑、畏懼而使我們的調查工作難於推行了。

（二）果農的成見：由於調查表的过於詳細，使一般果農深信我們的的思想，真是使人太不容易開導勸化了，無論你說得脣乾舌燥，無論你解釋得如何清楚明瞭，他始終是固執着他的已見，這也是我們工作進行的一个大阻碍。

(三)鄉裡的謠言——當我們走入鄉間的時候，我們时々聽到，那是政府派來的，是來抽税的，是來徵糧的，是來拉壯丁的……等々等々的言詞，使老百姓一見着我們，便覺很大傷腦筋，而想迴避三舍，而且當我們問到你家裡有多少牛，多少猪，多少雞鴨的時候，更証明了他們所聽的不差，因此他們不禁要噤若寒蟬般的啞口不言了，解釋闡述也終归不能開釋他們腦中的疑團，我們的調查工作當然受阻了。

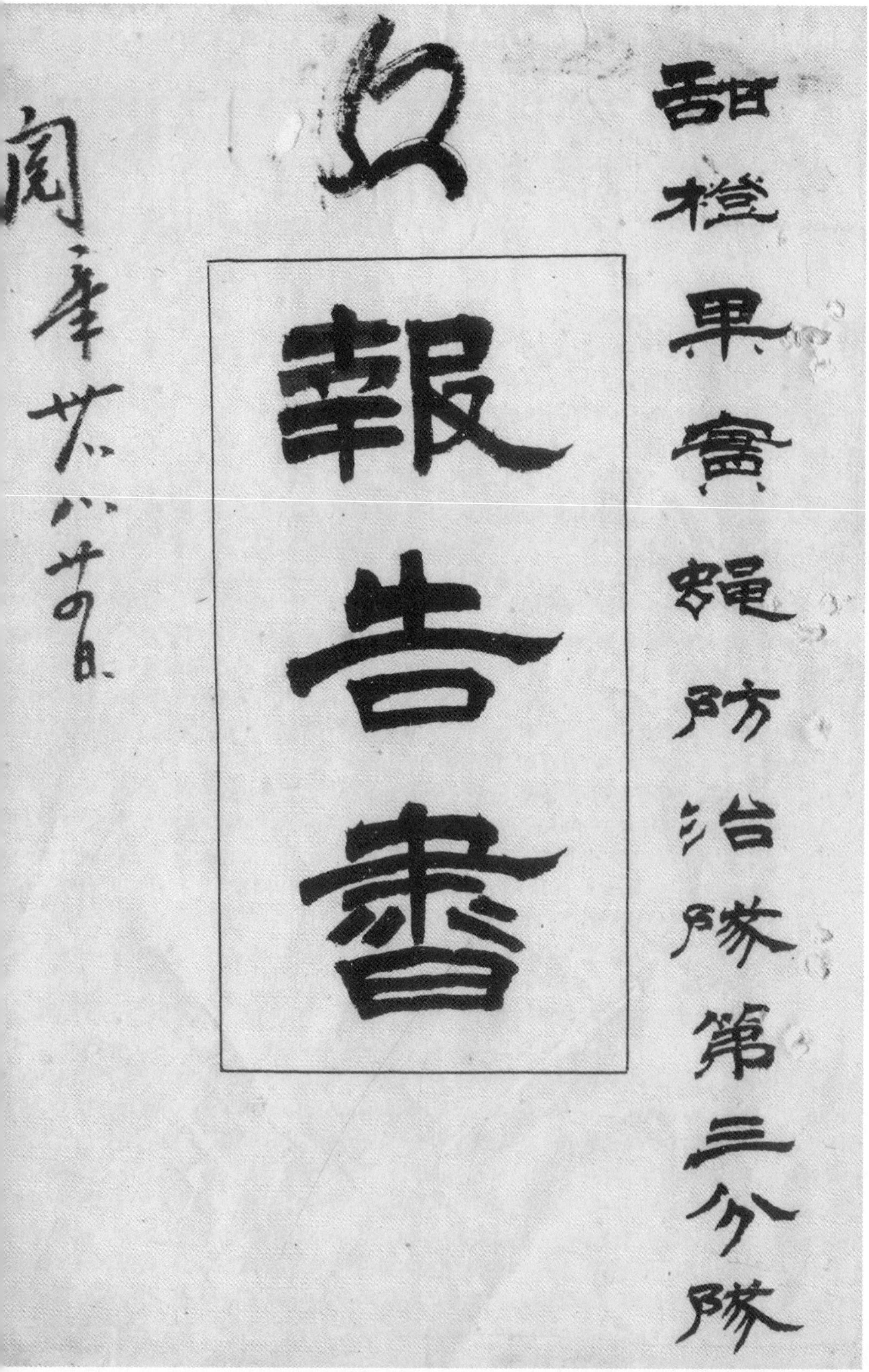
甜橙果實蠅防治隊第三分隊

報告書

閱 年 卅八、八、廿四日

华西实验区甜橙果实蝇防治队第三分队报告书 9-1-139（94）

53

工作報告

一、工作計劃

二、工作展開經過

三、工作檢討

附表

一、每日工作記錄表

二、七月份經費收支表

三、真武鄉甜橙分佈圖

华西实验区甜橙果实蝇防治队第三分队报告书 9-1-139（96）

一、工作計劃

A. 計劃目的

為便利工作之推進，澈底發揮工作隊及地方果農之能力，清除本年蛆柑，達到消滅果實蠅、收預期之成效。

B. 計劃原則

根據防治隊工作進行須知及真武鄉之实際情形、隨時得到之工作経驗。

C. 計劃内容

1. 聯絡地方人士
   a. 鄉鎮保甲長
   b. 参議員及鄉民代表
   c. 地方紳耆及社團領袖
   d. 合作社社長及学校校長教員
   e. 智識青年及特别热心人士
2. 認識地方環境
   a. 真武鄉之歷史沿革與地理環境
   b. 一般人之生活情形
3. 宣傳工作
   a. 宣傳内容
      i. 平教会鄉建工作梗概

iv 蛆柑之嚴重情形
v 果实蝇之生活史
vi 果实蝇之防除法（各种方法）
vii 目前沿用的防除法
viii 需要果農及地方人士之合作

b. 宣傳方式

i 对大众在茶館或場头以文字或口头宣传
ii 对热心及有名望之地方人士則个别拜訪
iii 对果農則逢場時於茶館設詢問處或下鄉調查時作个別談話（女隊員並作果農婦女之联络）

4 調查工作

a 初步果園調查根據下列項目調查及绘製地图並作統計

i 果園之位置，包括保甲及小地名
ii 園主姓名及其初次印象
iii 甜橙株数及去年受害百分率

b 第二次覆查，对下列兩項作詳細調查及填寫表格

i 果園概況
ii 農業概況
iii 選定示範果園與果農訂立合约

华西实验区甜橙果实蝇防治队第三分队报告书　9-1-139（98）

55

5 组织农民使彼等自动自发组织并树立今后之永久除虫制度

a 区域之划分：真武乡共有六保，第一保仅中国农民银行园艺示范场有甜橙八十株，第二保仅有果园九处，共四百余株，第三和第四保均在綦河东岸真武乡之北，二保大半地区相邻并集中于铁路以西，五保六保紧相衔接并在綦河西岸与场相望，青泊乡划来之三保均位于场南，十保十一保紧相连与西岸十四保隔河相望，根据以上地理环境及果园分布情形将工作范围分为三区及一特别区

i 特别区，第一保农场及第二保

ii 第一区：第三四二保

iii 第二区：第五六二保

iv 第三区：青泊划来之三保

b 组织果农，组织法及蛆柑防治内容拟定设立果农会修订以彼等名义执行，本队仅居于协助地位

i 果农会之成立以保为单位成立各保果农会，特别区除外，青泊之三保行政上原为一区，故今成立一个果农会

ii 蛆柑防治公约由各保自行制定

iii 真武乡蛆柑防治大会得待各保果农会成立后经一相当时期即联合各保及特别区开蛆柑防治大会，禁止外乡蛆柑输入，各保并互相督促防治工作之进行。

6 采摘受害果实

a 设立杀蛆站

华西实验区甜橙果实蝇防治队第三分队报告书　9-1-139（99）

8. 記載每日摘下之蛆柑並填表報告

华西实验区甜橙果实蝇防治队第三分队报告书　9-1-139（100）

56

二、工作展開經過：

七月二十日下午六時到達真武萬壽宮，二十一日開首次工作預定會，劃分隊內職務，及擬定初步工作程序，決定盡速將初步調查工作完成。然後進行組織農民。逢場日作宣傳。二十一日下午訪問地方領袖，以後隨時保持與有關工作人士接觸。初步調查於七月二十一日開始，按保訪問果農，至八月二日全部完成，其間除逢場日外，共費八日。自七月二十日至八月十日其間共逢場六次，均作宣傳工作，首場出標語，並先後出壁報兩次，每場並作茶館或場頭宣傳。自七月三十日起各開各保正副保長會議，後每日都在進行組織果農之工作，並照計劃以保為單位組織果農會，協助各保訂立蛆柑防治公約。現三保、五保、六保已開過首次會議，其中三保、六保已組織完成，尚待開成立大會，通過蛆柑防治公約。八月一日青泊鄉第四分隊請求將隣近真武鄉第十、十四、十二、三保劃入本隊工作範圍，本隊乃慨然接受，並於八月五日在十四保各開果農會，並先後繪製此三保之地圖。以上為全部工作梗概，茲將聯絡，調查，組織農民，宣傳分述於後：

A. 聯絡方面：本隊鎮隊於十二日抵達此間後，十三日即進行地方人士聯絡，包括鄉長，參議員，保長，鄉民代表，甜橙產銷合作社主席，工作展開後除與上述諸人隨時保持聯絡外，逢場日並與熱心或有聲望之果農或人士聯絡。

B. 調查方面：按保之次序調查，七月二十二日全體往第一保所有農場，因第一保內農場為僅有之甜橙果園，吳乾紀場長除將各品種甜橙栽培與管理实際情形詳述给我們听外，并引我們参观储藏及加工機構。七月二十三日調查第二保，鄉丁带路，這天是初次出訪農家，工作效率非常慢，并且沒有想到要繪製地图，以致七月三十日又補繪。七月二十四日逢場，二十五日調查第三保，二十六日查第四保，均由保丁带路，二十七日調查第五保未完，二十八日逢場，二十九日調查第六保，調查第六保時全體隊員分作兩組。三十日及一日補查三保五保未完者。

C.宣傳方面：七月二十四日出標語一百張，七月二十八日出壁報，并分散於各茶館於茶桌上宣傳，效果不頂好，過見果農很少，三十一日逢場未改換宣傳方式，特約兩個茶館設詢問處，解答有関防治各問題，兩處共二十餘果農來詢問，他們所發之問題多関於防治隊之來歷，尤其懷疑政府及防治隊以後是否會收他們的錢，彼等帶有蛆柑前來辯認，八月十日出第二次壁報，并唱宣傳歌曲將人吸在一處，作場頭宣傳講演。

D.組織農民方面：七月三十日召開之各保正副保長會議，當時吳乾紀先生亦在會，會中各保長發表意見極少，吳先生對防治隊工作解釋甚詳，有熱心之果農曾參加會中，并發言，大抵贊助我們的工作。八月一日通知第三保於二日開果農會，次日僅五位果農出席，遂未成立。八月二日起第三保联絡失敗，致迄未曾開會，八月四日拜訪第三保重要果農，果農會遂於九日開首次會，選出正副主席兼執行人，有果農十七人出席，八月五日起第四保重要果農洽商，決定十三日召開果農會。五保果農會於八月四日首次開會，果農廿八人出席，同日并於十保十一保（青泊劃來者）二保召開果農联合會，果農十七人出席，此兩處均熱烈交換意見，並未擬定公約推出主席。八月五日往十面保青泊劃來道，開首次果農會，受到熱烈招待，亦未能組成。八月四日在第六保開果農會，果農十七人出席，選出正副主席及執行委員五人，並決定召開成立會頒佈公約。

华西实验区甜橙果实蝇防治队第三分队报告书　9-1-139（102）

58

A、調查方面：除少数向明果農外調查時發覺他们均对我们工作生怀疑，不知我们從何而来，為何而来，尤其恐懼防治隊是否会收他们的钱，政府以後是否会抽他们的税，对这些应詳加解釋

1. 調查時应秘密記錄，免彼起疑懼之心

2. 初步調查時最好不要带路保丁入门，以私人訪问態度交談

B、宣传方面：宣传中務求彼等明白我们之来歷，了解蛆柑嚴重情形，以热忱博其信心

1. 務忌对防治藥品効用誇大

2. 在能範圍内尽量施些实惠，如医療看病，除去牛蚤螞蟻等

3. 場头宣传時先唱宣传歌曲，吸引集中观众，然後講演，以图畫为工具，易使人明白

4. 茶館中多商談生意，不宜作講演或宣传，設立詢问處，與果農个别谈话

C、組織方面：務使他们明白全部工作須起于自動自發之組織方能成巩固持久之除虫制度

1. 说服有声望之果農，使之起領導作用，号召全体果農

2. 鄉间智識青年应有密切之联繫

3. 組織应及公約之訂立应尊重他们之意见，我们僅居於輔導協助之地位

——以上之檢討均為本隊所犯之錯誤，從經驗中獲知而改正者——

华西实验区甜橙果实蝇防治队第三分队报告书　9-1-139（105）

每日工作記錄表

月	日	工作項目	工作人員	工作時間	工作結果	備註
7	21	首次工作預定会议	領隊.隊長及全体隊员	8→12	1.劃分隊員職務 2.初步工作程序	
	22	1.與鄉長交涉初步訪问工作之需要	郭錫昌.姜其秀.李永年	7→7:30	1.得各保長及重要果農名单 2.商定派保丁帶路便於初步調查	
		2.訪问中国農行園藝示範場場長吳乾伦先生	領隊.隊長及全体隊员	7:30→12	1.農場廣柑概况 2.廣柑栽培常識及病虫防治	
	23	調查第二保全保果園	領隊及全体隊员	7→1	調查果園九處	姜其秀因病請假
	24	製標語宣傳	領隊隊長及全体隊员	6:30→11:30	示標語一百張	
	25	調查第三保.果園	仝上	8→3	調查園户廿三处	
	26	調查第四保.果園	仝上	6:30→2:30	調查園户十七处	李棚年日参加本隊工作
	27	調查第五保.果園	仝上	7→12	調查園户八處	仝上
	28	1.示壁報 2.茶館及場头宣传	仝上	6→11 11→2		
	29	1.調查第六保	第一组：李永年.李靜秋 陳蘆青.江成功	7→12	調查果園户十一家	自本日起馬騫参加本隊工作
			第二组：游思荣.馬騫 孫靜.戴林	7→12	調查果園户十五家	分组工作由今日起
		2.对外联络	郭錫昌.姜其秀	8→9		
		3.室内工作	姜其秀	9→12	1.整理工作資料 2.草擬工作計劃	
	30	1.補查第三保	孫靜.戴林	8→10	拜訪園户四家	

		4. 室内工作	姜其秀.戴林.孙静	4→6		
7	31	1. 茶館内設詢问處解答果農之问题	1. 郭錫昌.戴林.孙静 李永年.姜其秀.馬騫 2. 陳蓮菁.江成功 游思荣.李静秋	9→3 9→3	果農七人及外果農八人来询问 果農十七人来询问	在下场周防治合社 在林王宗合社.李棚子参加工作
		2. 召集各正副保長開茶会	第三分隊全体人员	3→6	决定於近日内召开各保果農会	吴乾民主席参加此会
8	1	1. 補查第五保.	1. 孙静.戴林.游思荣 2. 李静秋.李永年 陳蓮菁.江成功	7→12 7→12	調查果園六處 調查果園二處	
		2. 赴第四保.吴保長商談	郭錫昌.姜其秀	7→10	決定明日召開第四保果農会	
	2	1. 赴青伯鄉接洽	郭錫昌.李永年	6.30→6	接受第四分隊之請,將臨近東武之三保劃入本隊工作範圍	
		2. 赴第四保.開果農会议	姜其秀.陳蓮菁.江成功.馬騫 游思荣.李静秋.戴林.孙静	7→12	成績欠佳,僅五家果農出席	
8	3	1. 茶館宣傳	孙静.江成功.游思荣.	7→12	果農五十人来询问	
		2. 採集標本	陳蓮菁	7→5		
		3. 與二.三保.保長联絡	郭錫昌.李永年	7→11	未晤第三保保長	
		4. 詢问重要果農	戴林.李静秋	7→12		
8	4	1. 出席青伯第十.十一保果農会	郭錫昌.李永年.馬騫	7→12	果農十七人出席,交换意见	未擬定公約
		2. 出席第五保果農会议	陳蓮菁.李静秋.戴林	7→12	果農十八人出席,热烈交换意见	
		3. 出席第二三保果農会议	姜其秀.游思荣.江成功.孙静	8→10	無保長果農出席,此会流產	
8	5	1. 赴仁沱與寺鄉第四保重要果農商洽 2. 訪第二.三保保長及果農	李永年.戴林 姜其秀.李静秋	7→3 9→12	與果農黄克成商定本月廿日重開四保果農会. 未晤保長及重要果農黄克文張子林	

华西实验区甜橙果实蝇防治队第三分队报告书　9-1-139（106）

华西实验区甜橙果实蝇防治队第三分队报告书　9-1-139（107）

60

月	日	工作項目	工作人員	工作時間	工作結果	備註
8	5	3.訪第六保保長及果農	陳蓮菁.馬騫	7→1	決定七日在场上與果農再行交換意見.九日召開果農会	
		4.往青冶第十四保開果農会	郭錫昌.游恩榮.江成功.孫静	8→4	保長及果農廿七人出席.熱心	
8	6	1.訪二保保長及三保果農	郭錫昌.江成功	7→11:30	晤二保保長並第三保果農張子林.黄旭初商談	
		2.赴十一保工作	陳蓮菁.游恩榮	7→12	繪圖.未晤保長	
		3.赴十保工作	馬騫.孫静	7→	繪地圖並晤保長	
		4.室内工作	1.李永年 2.戴林 3.姜其秀	7→12.3→4 7→12 4→5:30 7→12 4→5	複製地圖二份 製圖表一張 整理工作資料	李静秋因病請假
8	7	1.室内工作	1.戴林 2.孫静.李静秋 3.姜其静秀	7→10 8→12 4→6	製圖表一張 劃表格 整理工作資料	
		2.对外联络	郭錫昌.李永年	8→10	請鄉長对各保加強联繫	
		3.茶館宣傳	游恩榮.江成功.馬騫.戴林	10→12	二十果農詢向	
8	8	1.訪三保果農	游恩榮.江成功	7→12	訪重要果農四家	
		2.訪六保果農	孫静.馬騫	7→12	遇保長弄錯日期.少数果農在川主廟等候开会.乃迫数家果農訪问.	明日決開第六保果農会
		3.赴十四保繪工作	郭錫昌.陳蓮菁	7→1	繪地圖	
		4.室内工作	1.戴林 2.李永年 3.姜其秀	7→12 7→12 8→3:30	填寫表格一張交 繪製地圖 整理資料並擬工作報告	

					成立大会并颁布防治公约 日但俶偈	
		2.出席第三保果农会	郭锡昌.游思叢.江成功	7 → 11:30	果农十五人出席选出主席二人并作执行人	
		3.往四保登果农名单	李永年.李静秋	7 → 11	商得明日取名单	
		4.监工刷墙.抄十四保名单	陈莲菁	7 → 12		
8	10	室内工作	领队及全体队员	7 → 6	1.出壁報一份 2.地图完成 3.初步调查统计表完成 4.工作报告之拟定 5.各项工作资料之整理	
		室外工作	姜其秀.戴林.李永年.徐静	12 → 1	于壁报下作口头宣传果农了解者极多.	

华西实验区甜橙果实蝇防治队第三分队报告书　9-1-139（108）

61

七月份经费收支表

月	日	摘要	收入	支出	结餘
7	15	伙食费	$12.00		
	〃	行李搬運費	$5.00		
	〃	向导费	$3.00		
	〃	预備費	$2.00		$22.00
〃	16	行李運費		$0.40	
	〃	午餐		$1.30	
	〃	晚餐		$1.72	$18.58
〃	17	行李運費		$0.80	
	〃	〃 〃		$0.91	
	〃	〃 〃		$0.28	
	〃	早餐		$0.54	
	〃	午〃		$1.30	
	〃	晚〃		$0.26	$14.49
〃	18	早〃		$1.63	
	〃	午〃		$1.32	
	〃	晚〃		$1.23	$10.31
〃	19	早〃		$0.64	
	〃	午〃		$1.30	
	〃	晚〃		$0.72	$7.65
〃	20	早〃		$1.02	

华西实验区甜橙果实蝇防治队第三分队报告书　9-1-139（109）

华西实验区甜橙果实蝇防治队第三分队报告书　9-1-139（110）

月	日	摘要	收入	支出	結餘
7	20	行李運費		$0.20	$6.4
"	21	夾標語用草紙		$0.50	
	"	乾酒		$0.045	
		鎖		$0.40	$5.48
"	22	標語紙		$0.30	$5.18
"	28	壁報紙		$0.10	$5.0
"	31	宴各保、長聯会及晚餐		$3.60	$1.48

经手人：姜其秀

华西实验区甜橙果实蝇防治队第三分队报告书　9-1-139（114）

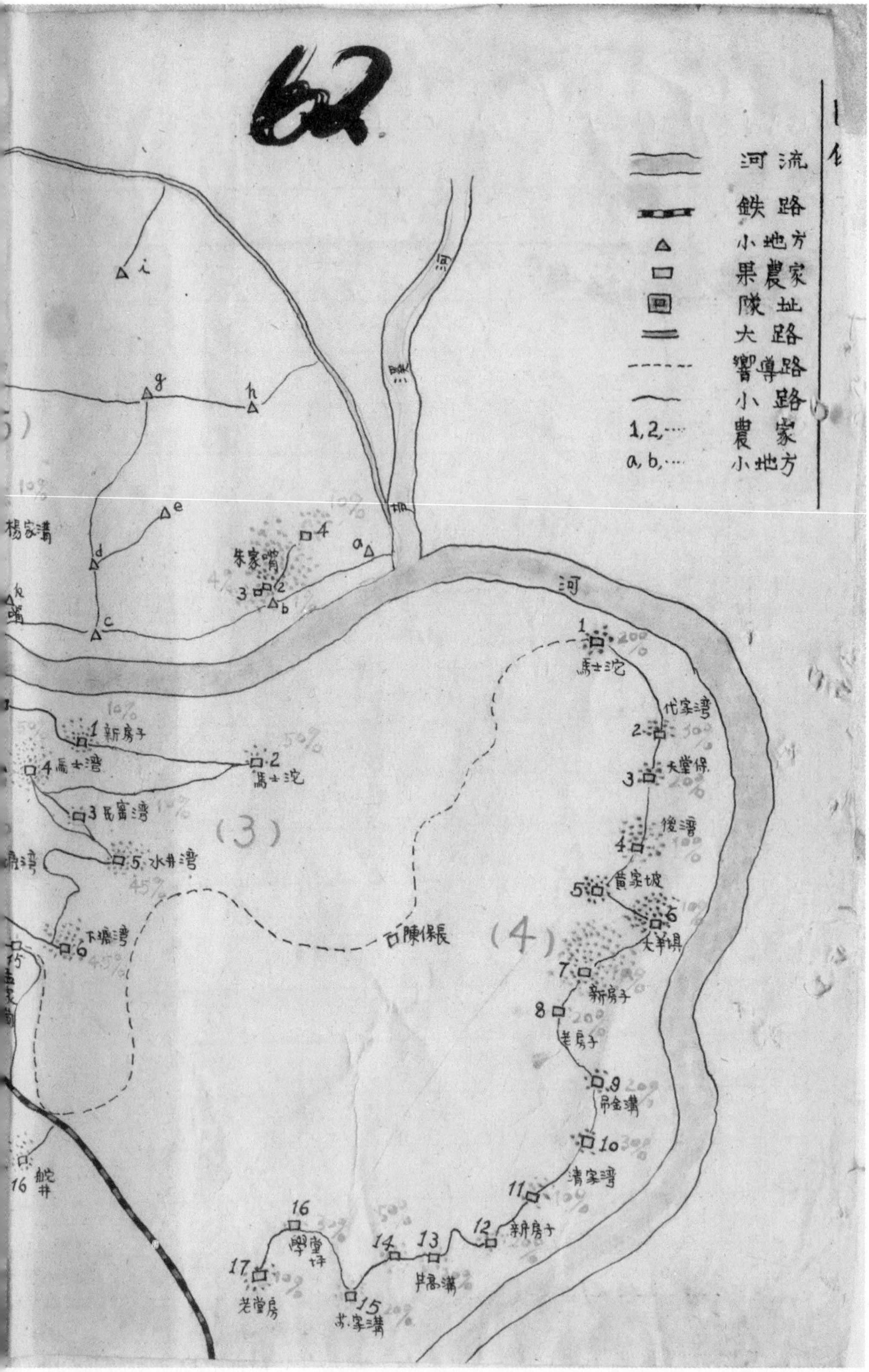

华西实验区甜橙果实蝇防治队第三分队报告书　9-1-139（115）

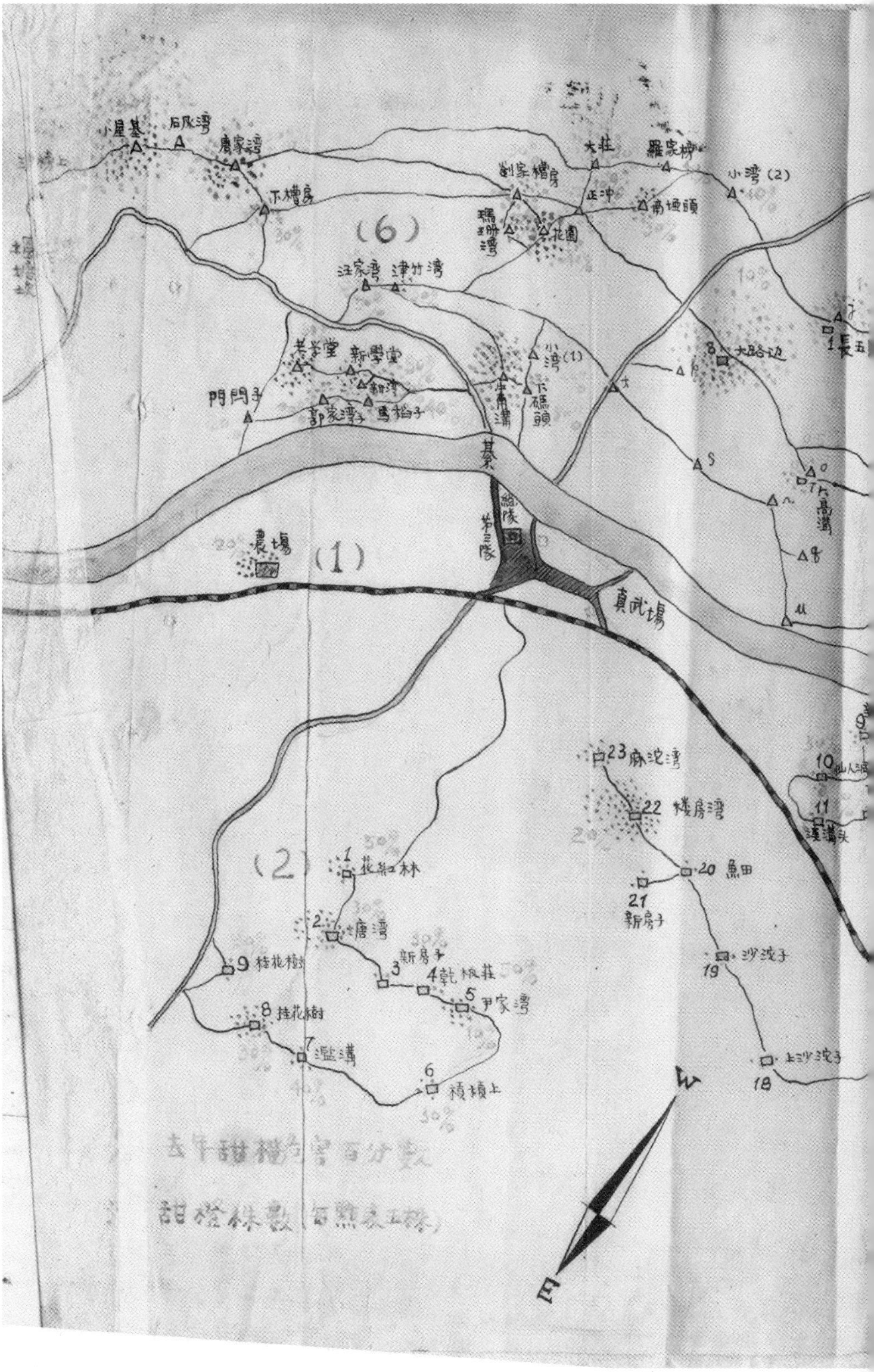

华西实验区工作人员关于蛆柑防治工作的总结　9-1-139（111）

0161

我们决不是政府派来的，因为乡村建设学院是平教会办的，宗旨纯全是为老百姓服务的。下乡工作便是同学们的志愿和出路，而平教会并不是政府的组织。这次的大宗~~款项借△我们~~经费奖励同学暑期闲暇时间到这里工作是实习的性质。~~我们的~~一面充实本身的学习，一面为父老们义务除害，是一举两得的事情。同时我们的戒律是能够自己做的事，尽量自己做，尽量避免在伙食、缴费、住宿、缴借的事上面麻烦，给父老们更多的打扰和烦难。

我们工作的原则，只能~~协助△大家~~从技术上协助大家对蛆柑的认识、拾摘和处理，以及药物的调配和使用。~~事实上大家这认知~~就这认知，父老们关于蛆柑的智识，远较我们工作同人切实丰富。希望我们能够精诚的合作，发挥最大的扑杀效力。不但我们如此希望，而且在脚踏实地的工作，已经承受到父老们的帮助与赐惠，我们不得不如此。事实上，我们总共只有八个人，力量微薄得很。

如果父老们对我们有不解或询问之处，可以书面或直接向我们接谈，我们都诚恳而虚心的，愿意向大家解释和承受教益的。//

利国兄：承嘱以贵刊园地的一角，刊出此稿，至谢！照目录是否，好不忙写此，语多芜杂，累赘，视篇幅之大小，随意删截编排可耳。

永丰乡防蛆柑宣传标语　9-1-139（112）

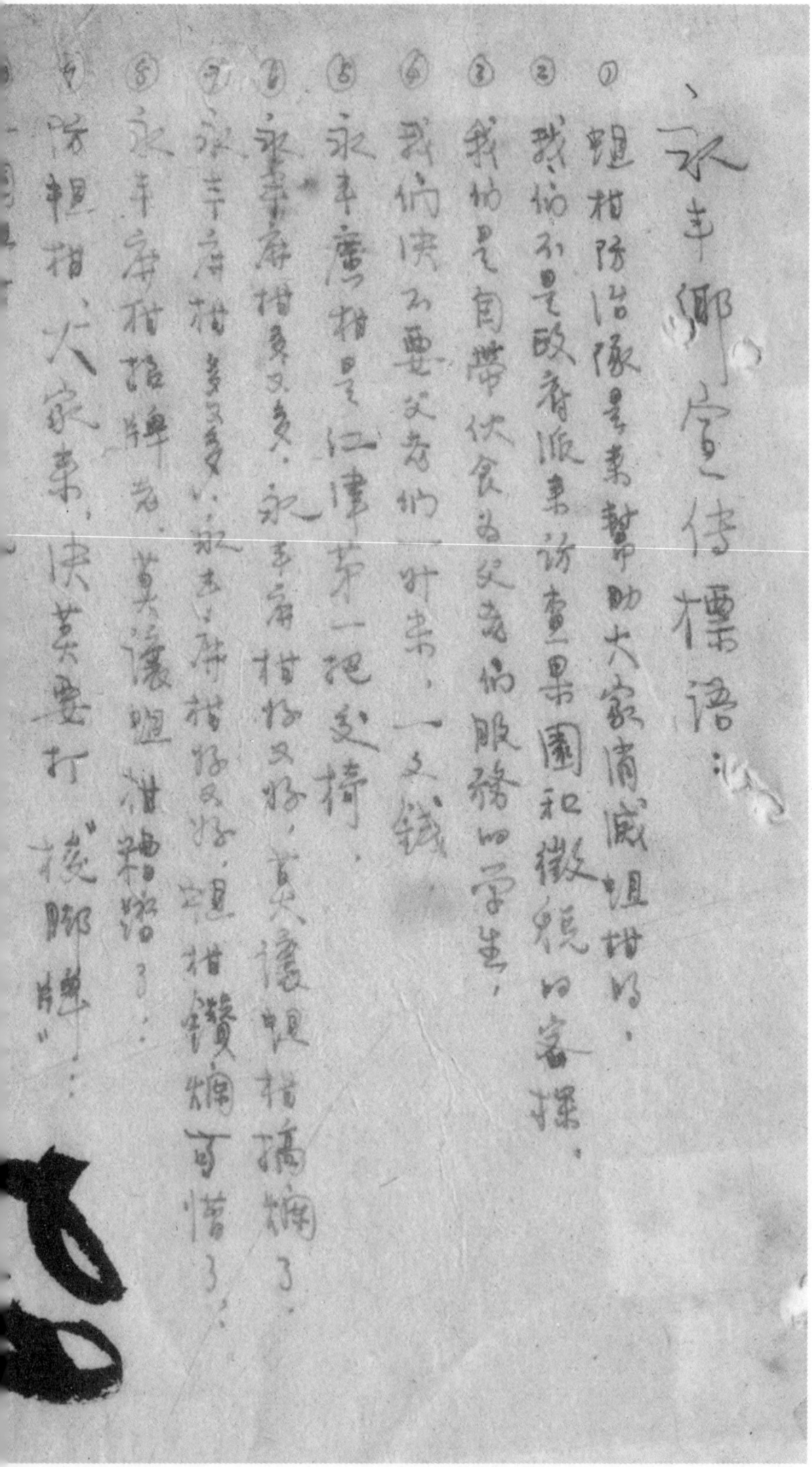

一、永丰鄉宣传標語：

①蛆柑防治隊是来幫助大家消滅蛆柑的，

②我們不是政府派来訪查果園和徵税的密探，

③我們是自帶伙食為父老們服務的學生，

④我們決不要父老們一針一線，一文錢，

⑤永丰廣柑是江津第一把交椅，

⑥永丰廣柑多又多，永丰廣柑好又好，莫讓蛆柑搞糊了，

⑦永丰廣柑多又多，永丰廣柑好又好，蛆柑糟糊可惜了，

⑧永丰廣柑招牌老，莫讓蛆柑糟蹋了。

⑨防蛆柑，大家来，決莫要打"撈腳腳"：

永丰乡防蛆柑宣传标语　9-1-139（113）

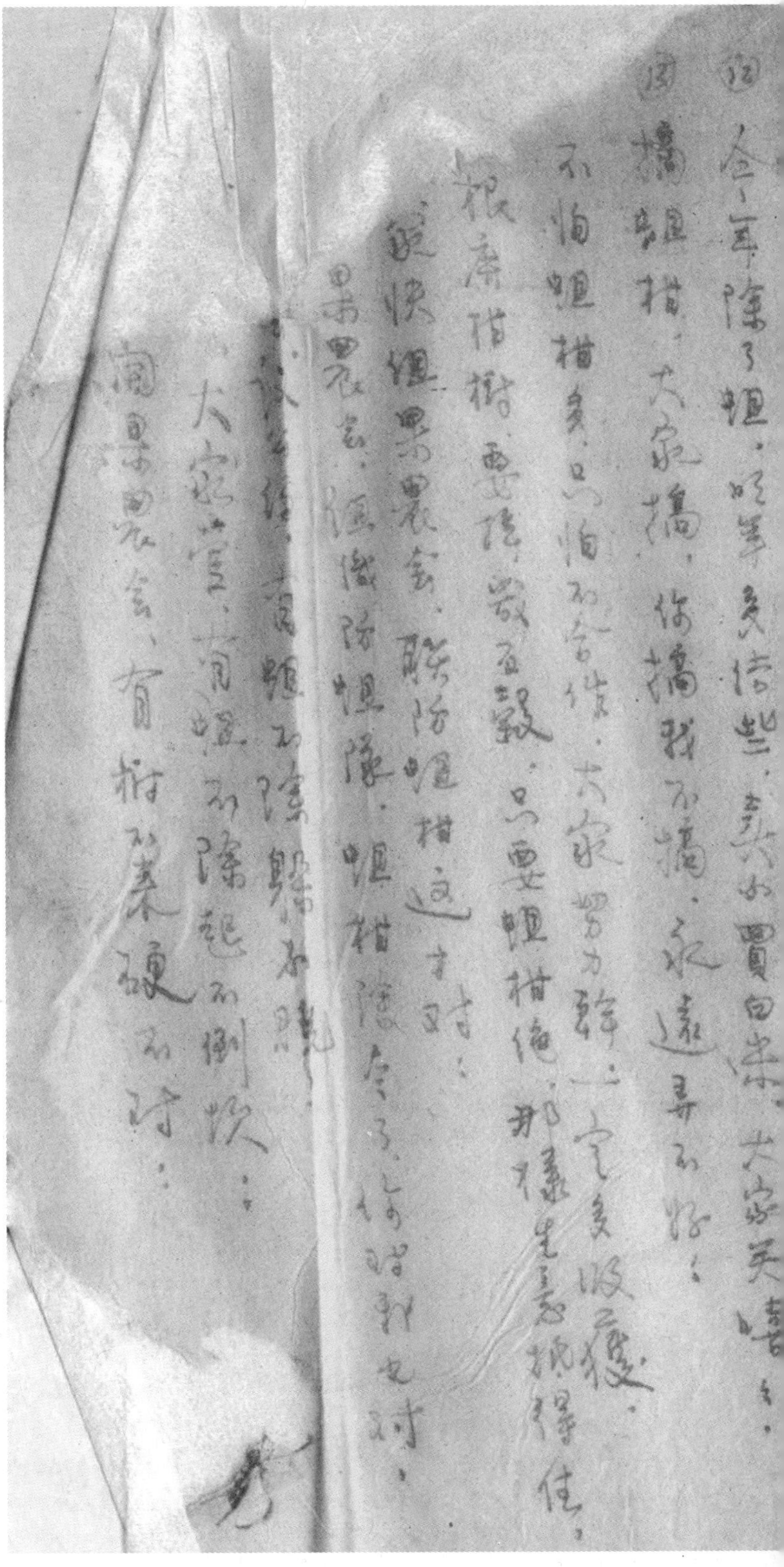

（12）今年除了蛆，明年多结些，卖出买回来，大家笑嘻嘻。

（13）搞蛆柑，大家搞，你搞我不搞，永远弄不好。

不怕蛆柑多，只怕不合作，大家努力干，一定多收获。

[illegible]

华西实验区甜橙果实蝇防治队第四区队第十五分队（永丰乡）工作报告（一九四九年七月二十日至八月十一日） 9-1-139（116）（117）

中華平民教育促進會
華西實驗區甜橙果實
蠅防治隊第四區隊
第十五分隊（永豐鄉）

工作報告書

具報告書者：漢夫(?)隊
工作地點：江津永豐鄉
工作時間：自七月廿日起至八月十一日止

(一)工作情形

七月廿日離開江津，中午過先峰，傍晚達永豐，住中心校禮堂內，工友萬青雲(?)來上活路，隨行先峰領隊西貝厚(?)友及袁子曼(?)領隊即訪王師高(?)參議員，明日暫頓內務，藉作休息，隨後即訪保本王寶三、鄉長刁西古(?)，和經同學介紹之親友、及其他地方人士，找保本開具各保園户名單，作分頭拜訪之憑藉，每逢當[illegible]

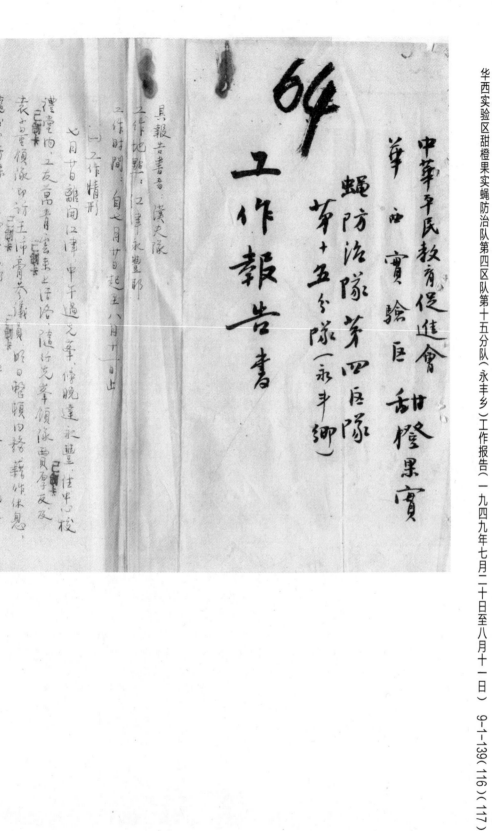

之老樹及惠家灣之鵝蛋柑，以激起一般的自尊心理，

③叙述永丰廣柑之前途，誘起他们的遠利意識。

④联防蛆柑的必要和善組果農会的急切。

每走一家（開日下鄉）即於近处繪製草圖，以場鎮為十字座標的基點，以目測觀向東南西北，再以距離遠近及相閒位置確定果園的位置，回寓时各組分別填入一大張圖中，每次分組出發，採訪紀録由每回寓时保留登记，到晚各組互报当日遭遇，并作一相形式的檢討（因同一大寢室）特殊事件即當联络，记入日记冊中，明日工作亦於頭晚預計推行。

每次出訪，绝早喫飯，午後三四时轉来午餐，從前鄉丁及小甲等引導，有时由保長開来名單而挨户访問，所虚耗的时間不少，本鄉七保於八月五號調查完畢，共一百三拾四家園户，約计果樹叁萬株以上，代先峯調查之第九保計五十二家（均不在内），其總平均60%以下，栽種柔量，多至上百株，上百株者少見，上千株的只有一处，反應的好壞多与株數的多少成正比，八月二號南果農会籌備会，八月七號正式開果農会，因口頭宣傳和標語宣傳及通知的周到，到会捌拾餘位果農，通過公約，圓滿結束，

投稿楊柳壹舖留校鄉辦的刊物"笑溪公報"，題目為：

"柑柑防治隊的自我介绍"

华西实验区甜橙果实蝇防治队第四区队第十五分队（永丰乡）工作报告（一九四九年七月二十日至八月十一日） 9-1-139（118）（119）

华西实验区甜橙果实蝇防治队第四区队第十五分队（永丰乡）工作报告（一九四九年七月二十日至八月十一日） 9-1-139（120）（121）

衣留員額，可讓七月間來永，中途回去之編就近救[illegible]才。

八、隊員雜夫半，近住此人和場。

外出採集之動植物標本已有壹百餘件。

二、生活情形

全隊共住在大寢室裡，沿着四壁鋪床，中間擺方桌，寢室兼有食堂用途，另前有四方天井，周有石欄，芭蕉掩映，下方為辦公室，桌椅齊全，上方有儲藏室，出入可以關鎖，儀器一座獨設，廟裡的和尚和補習校的楊老師都有好感，永豐因場小靜僻，油鹽醬醋，都待場期，豬肉的菜必場期[illegible]最[illegible]人，一市場[illegible]或在場外攤[illegible]購買，[illegible]不留意，[illegible]要難[illegible]了。食，而且較鄰場高貴幾倍，如鹽已每斤米五合，光菜只米三合，豆醬每斤八合，光菜只須三合。）辦伙食最要者[illegible]而借[illegible]腦筋。前房下天已耗米每人一斤左右，除了有米有油[illegible]外，菜錯每碗僅不過三樣，重要不在質，只見白眼白睛幾大碗，鹽存採買已採輪流制。用水則清潔方便，找不到洗衣婦，自洗衣服，草鞋面目一返，消耗特別快，住田野間工作當日不[illegible]奔跑，田边的松[illegible]，換[illegible]，的前一夜直撲面而來，又渴，又餓，又熱一又夜[illegible]的跑回寨，常常大汗周身，已高凝床，國上的[illegible]一下[illegible]南[illegible]又[illegible]道[illegible]外，[illegible]件[illegible]也[illegible]皮

华西实验区甜橙果实蝇防治队第四区队第十五分队（永丰乡）工作报告（一九四九年七月二十日至八月十一日） 9-1-139（122）（123）

別人意見和眼淚[illegible]（理込）一點是漢夫隊的精神。我們的"新民報"是場上新聞珍品，看報是一個識字的文化的良好媒介

（三）村的地理環境的初步認識

①地理環境：永丰第四保羅濮（三濮口十五里），接金黃，西以尹漢橋夫灘，南連沙坡[illegible]，北[illegible]環境西南方，十六保[illegible]保隔的一支孤島對岸夾灘境界，第十一保及十五保地形狹長直抵夾灘子鐵村岸及沙坡場口。東望金黃坪，西望鶴的[illegible]（柳鄉）延西山[illegible]間為丘陵地，坡勢平緩，宜于種植，沿河有馬夫沱，楊家灘，夾灘，石門，楊鵲溪各渡口。

②人事環境：永丰有新舊兩派的對立，爭鬥激烈，主席會參議員是正成社的大爺，為舊派領袖，為西昌鄉丰實區，城社員，新派之代表為[illegible]的主腦人物為萬西高，因前者為行政首領故與之接觸的機會[illegible]派的多，本議員人稱[illegible]之相本是柏林大學哲學博士，楊鄉壹子氏宗祠辦有暑期補習學校，內有五六十名卅餘人，分大中小學各級，開德文、英文、數、理各課。[illegible]漢在育下餘年的老樹，園主萬氏周，八十餘歲，殷切的接待人家的拜訪，頗以獲有很多果樹的老組宗為榮，惠家等趙滿鄉有成年鵝蛋柑樹與祩的鐵城的江陽九條的[illegible]，用水查一，計幅相防治很總些，

华西实验区甜橙果实蝇防治队第四区队第十五分队（永丰乡）工作报告（一九四九年七月二十日至八月十一日） 9-1-139（124）（125）

63

其他如万春镇、蔡家场、曾大园等地，对蛆柑之认识及防治都
不错。
四、发现之技术困难及果农之意见
⑴一般误认我们为政府指派来调查果园和征税的，我们常
常被尊号叫说我们是"柑子蝇""收蛆柑的""检蛆柑的"和"公司
里来的"，⑵有含有恶意的"戳蛆包"以及"大师父"之类，的说
法之遭遇阅内之义，或受到敌视，或者反应平淡，认为我们
说谎，帮他们之不要钱，只是未来设阅抽税的骗局。报章杂志不
确实，果树种子以多报少，DDT的不能灵验，使国内对我们
宣传的信用和效力，缺乏指南针之准确及确。
不过是自己所为的，因果园农会已公开，又对的反应已由"过"到"平
淡"之绝对甚有了。
⑶果农对[illegible]的种植之想办法。
果园农何来的技术及普遍摘青及。
果农的受到原来农[illegible]组合作社失败的教训对连环
园画对付不部行不表信任，
调查表须自解释，不特所得材料不确，而且误会丛生，
反而防害工作之推行。
⑷有关于蛆柑之采摘及所有的困难
第一、园主劳力采摘搬运如何处理
第二、石灰坑之挖掘的五个为限，不敷分配，同时因距离太远
为顾及人力的负担不可太重，必须添设。

②学园援派、候车开支费 贰元
③学向援队领车款备费 叁元
上共计银币伍拾伍元
④挑取光头布器来去 叁斗捌升四合(每合 元)(包括其他零物折合)
b ①买来壹石捌斗一升捌 合洋 壹百四拾陆元
②衣子壹领队 合洋 贰〇元
③杂支(包括灯油、零件、纸张费用及其他)合洋贰元伍角(细账另报销)
上共用去银币伍拾贰元五角正
品迄存银币 贰元五角正
(注：前次旅费已有细帐报销总部)

乙、领用物品
1 药箱乙个 壹个
捕器 壹个
野册 壹个
毒瓶 壹个
日记簿 壹册
黑色水笔 两瓶
大头针 壹包
调查表
连队图画 叁百份(计九百张)
标本记录、三角纸、用纸 各两册
绳子 壹根

1 需用各物：
① 药品普遍需要补给
② 捕纸簿、信封信笺、十行纸、大头针、标本用纸

华西实验区甜橙果实蝇防治队第四区队第十五分队（永丰乡）工作报告（一九四九年七月二十日至八月十一日） 9-1-139（126）

华西实验区江津蛆柑防治队第十分队（贾嗣乡）一期工作概况书面报告及附件（一九四九年七月二十日至八月十日） 9-1-139（127）

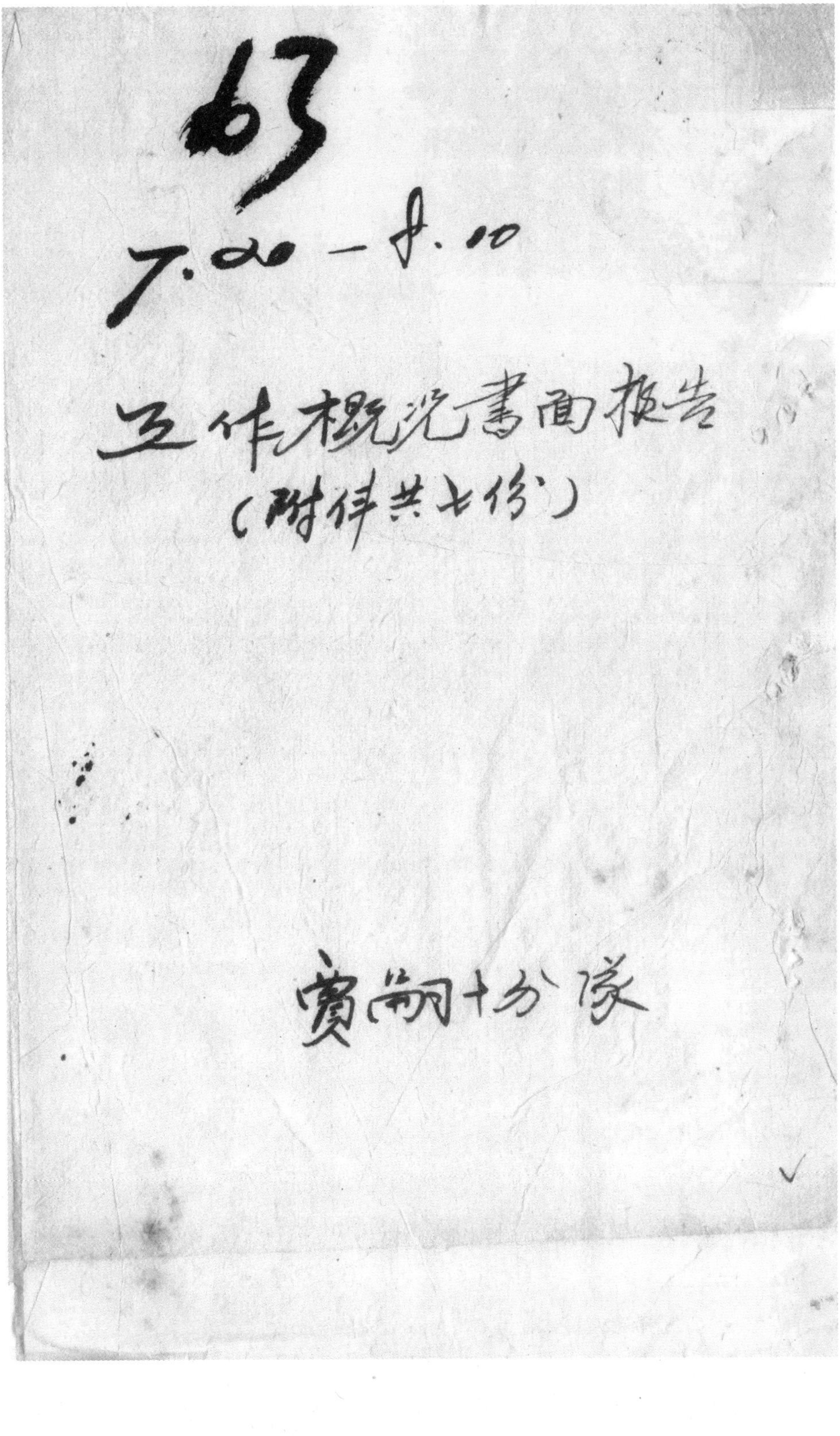
63

7.20—8.10

工作概况书面报告

（附件共七份）

贾嗣十分队

华西实验区江津蛆柑防治队第十分队（贾嗣乡）一期工作概况书面报告及附件（一九四九年七月二十日至八月十日） 9-1-139（128）

64

第一期工作報告概述 七月二十日—八月九日

(一)本隊隊員八人於廿日午後四鐘抵達賈嗣，暫借川主廟(中心校)為本隊隊址，於當晚收拾擺佈，翌即召開小隊會議，商討工作進行事業。議決於廿二日前出發聯絡及初步宣傳工作。廿一日開始分組拜訪地方首長、士紳及鄉公所人士，並於廿三日召開鄉務會議，詳釋我們來此意義，促進其自動組織，負推動防治工作。該會決議廿五、六兩日由鄉公所召開保務會議，本隊分小組出席，向農民聯絡與宣傳之便進入各保。為配合與宣傳工作之進行，於廿四日出壁報一版(並訂為週刊，以後按期出版，至目前已出三版)。

(二)自七月廿七日起，開始分組訪問果農，並籌備作柑苗之調查

华西实验区江津蛆柑防治队第十分队（贾嗣乡）一期工作概况书面报告及附件（一九四九年七月二十日至八月十日） 9-1-139（129）

治，始可挽救整個之廣柑事業，更說明廣柑事業之前途，尤重於本隊工作之態度，經費之來源，本教會之意義，藉以與聯保之工作出發解釋，同時就便說明因訪時果農所發生之疑惑，此段期間，着重宣傳及訪問工作。

（三）自八月二日起開始調查工作，於五日應地方人士之邀請協助籌備組織果農，以便推動蛆柑防治工作，於即日由本隊與鄉公所衛生召集籌備會，並推由本隊全體出席。擴大果農籌備會議，議決由本隊協助籌備事宜，並由本隊隊長參加擬定章程及防蛆公約事宜，又推派隊長執筆，以於……

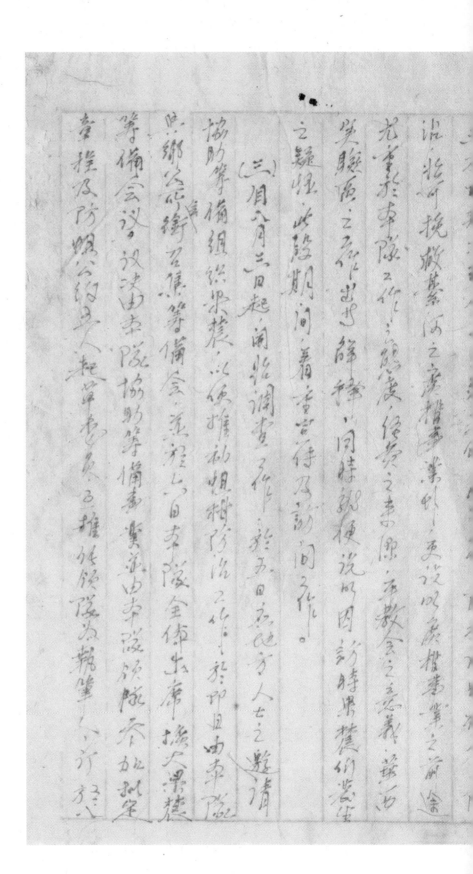

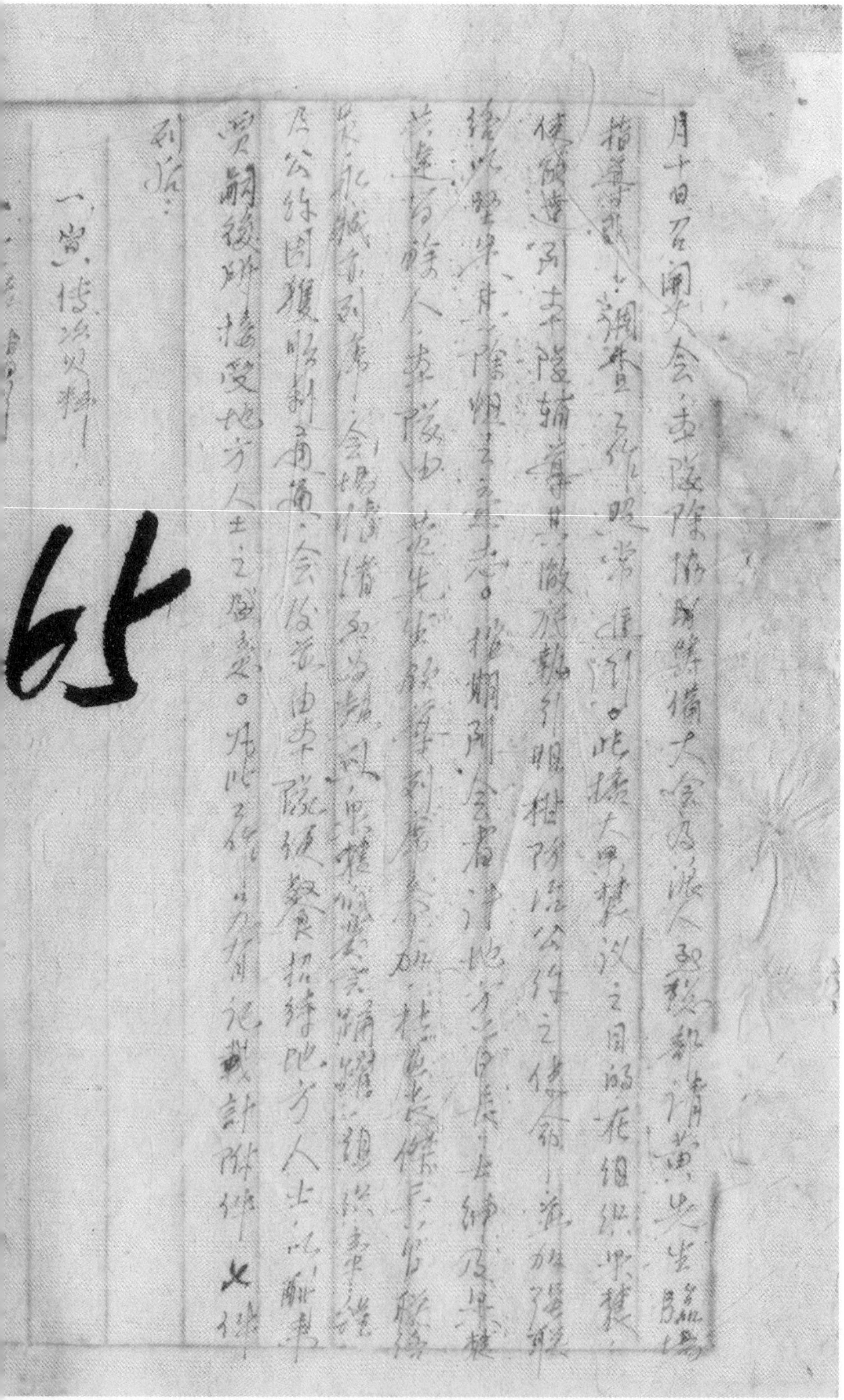
月十四日召开大会，本队队长报告筹备大会的意义，并请黄先生出席
指导，并调查工作现状，进行。此种大会主要目的在组织果农，
使彼等了解本队辅导其做好熟悉柑橘防治公约之使命，并加强联
络，坚定本队蛆柑之意志。按期开会者计地方首长、士绅及果农
黄先生等人，本队由黄先生致辞等，列席参加，柑农代表
果农代表列席，会场情绪和谐融洽，果农对于本队
及公约因获时刻宣传，会后并由本队领餐，招待地方人士，以联系
贾嗣乡接受地方人士之盛意。兹将工作报告附件七件
列后：
一、贺、传达以资

华西实验区江津蛆柑防治队第十分队（贾嗣乡）一期工作概况书面报告及附件（一九四九年七月二十日至八月十日） 9-1-139（130）

三、標本採集

四、藥品收支報告

五、會議記錄

六、全鄉橘大果蠅會議前後記

七、本隊領付賬目數額

（四）本隊擬定之任務，聯絡、組織、訓練等工作現已告一段落，調查工作亦已展開，上述之工作推動，均由座談、檢討會、設計等劃分推動之，並檢討得失，即根據其結果，切實改進，以增進工作效率，使整個鄉工作之理想，得達到本隊所負之使命。

（五）本隊今後工作除辦理調查及各項防治工作之推動外，尤當注意

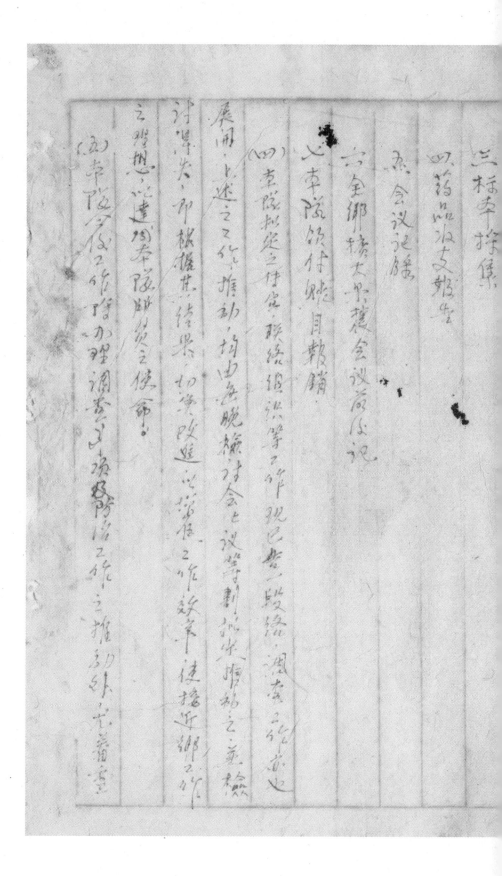

於輔導果農組織，使能擴散並發展其他柑橘事業，實際辦法之擬定與今後推動情形，尚容後再為申報。

（六）問題的提出：

我們的工作雖然在同學的努力下，得到了預期的結果，可是我們遭遇到的困難也不少，而且這些困難我們認到實有克服的必要。現在將我們所遭遇到的困難寫在下面：

1. 理論基礎的不夠：果實蠅的產卵有無第二次出現？有無第二寄主
2. 果農對我們技術的懷疑：
3. 果農對我們調查工作的不了解：
4. 指導的方法是否適宜：

华西实验区江津蛆柑防治队第十分队（贾嗣乡）一期工作概况书面报告及附件（一九四九年七月二十日至八月十日） 9-1-139（132）

[illegible]

6. 殺蠅站之設置：

7. 藥劑之利用問題：

8. 小甲農佔甲農户數之最大多數，但彼等都不熱心贊助：

华西实验区江津蛆柑防治队第十分队（贾嗣乡）一期工作概况书面报告及附件（一九四九年七月二十日至八月十日） 9-1-139（133）

华西实验区江津蛆柑防治队第十分队（贾嗣乡）一期工作概况书面报告及附件（一九四九年七月二十日至八月十日） 9-1-139（134）

67

第一部 標語

标語為最简便的宣傳方式只要能多花工夫尽量在形式上使其新颖、突出醒目有趣、文字通俗、讀唱順口、在内容上則喚起果農的希望解釋果農對工作之疑惑同表明吾人工作之態度、使其澈底明瞭我們工作的意義及價值、特將各項分述如次：

㈠形式：我们的标語一改舊的形式而採用大幅顏色的長方形式上面壓以最奪目的彩色線條、同最有意義的[illegible]字、精細的書寫、用通俗的語字、

㈢内容：a、喚起希望：歷年蛆虫的為害、幾乎使一般果農感到絕望所以我们一面宣傳蛆虫極易防治、一面高唱廣柑的經濟價值及廣柑事

华西实验区江津蛆柑防治队第十分队（贾嗣乡）一期工作概况书面报告及附件（一九四九年七月二十日至八月十日）　9-1-139（135）

業的前途……的……宣傳……[illegible]

使其明瞭吾的來意及此次使用經費的來源，在殺虫的技術上亦表示我們確有把握用有效方法及藥劑殺虫。C.表明吾人工作之態度：謂吾人純係對鄉村工作有認識，而且熱心服務鄉村的大學生，都是自願參加的，不但決不收稅派款，並且謝絕果農的招待。

③效果：根據上述原則，出標語四次，第一二次在宣傳我們的工作，第三次在鼓勵果農組織，第四次在頌揚果農大会，先後貼出標語共六十餘幅，確使知識份子及部份果農明白了我們的工作及其意義，而收到相當的效果。

华西实验区江津蛆柑防治队第十分队（贾嗣乡）一期工作概况书面报告及附件（一九四九年七月二十日至八月十日） 9-1-139（136）

68

第二部 蛆報

鄉村裡的知識份子，確有曲左右農民的力量，故他們的一言一行，他們的態度，對吾人之工作，皆有影响。經各同志開會決議出版「蛆虫防治週刊」，使知識份子明白後，代我們義務宣傳、解釋，以達防治蛆虫之目的。

第一期：内容与目的——在說明我們的來意及此項工作的價值，並呼籲地方人士热心贊助，同時另一面亦以經濟的观点，打動地方人士及果農之雄心。題目有：一封致賈嗣鄉人士的公開信，如何去維護江津的廣柑？我們的話，民众的答。

這期刊物的讀者對象，是以地方領袖人物為首重，以期

順利展開今後工作

第二期内容與目的：——在介紹「平教会」的宗旨及事業，以消除各階層人士所有疑惑，題目有：中華平民教育促進会簡述

我們的防治廣柑裡面的蛆是怎樣来的？如果不折蛆柑將來究竟会怎樣？

這期刊物的讀者對象是以知識份子及農果為主，使他們完全相信我們是純全服務的，決不斂財，以便即將展開訪向果農

第三期内容與目的——在介紹「華西實驗區」於農民的好處，而鼓勵地方人士热心我們的工作，另外解釋我們調查的用意，並發動果農組織起來，自動徹底摘除蛆柑，題目有：「華西實驗區的創建工作」

华西实验区江津蛆柑防治队第十分队（贾嗣乡）一期工作概况书面报告及附件（一九四九年七月二十日至八月十日） 9-1-139（138）

69

我們為什麼要調查？

蛆柑防治法，擴大全鄉果農會議的意义

这期刊物的對象側重在果農，使他們完全相信我們殺蟲的方法是易辦的，有效的，並澈底使其明瞭這次工作純全是我們幫他們的忙，而不是我們需要他們幫忙，同時促使其組織起來，以達「啓發民力，建設鄉村」之目的。

第三部　特約茶館

對農民有信仰有號召力的，確是愛坐茶館的各層領袖人物，果農的集聚，亦多在茶館，要推動我們的工作，实大有設立特約茶館的必要。

事有輕重緩急，我們計劃特約茶館之設立，先由一所而全体，先

华西实验区江津蛆柑防治队第十分队（贾嗣乡）一期工作概况书面报告及附件（一九四九年七月二十日至八月十日） 9-1-139（139）

由上層而下層，因初步工作的展開，除自己各方多下工夫外，实有賴当地首腦人物及知識份子的義務宣傳，同時我們的人力、时间也有限，所以僅先暫設特約茶館一所，待工作同志們与果農廣泛認識後，當適應需要，繼續增設更多的特約茶館。

特約茶館設立以来，常与地方各部負責人在茶館內暢快長談，使他們明瞭「平教会」的宗旨及事業，「華西實驗區」的鄉建工作，「實習部」的用意，「鄉建院」的培育人材，不但给了他們良好的映象，並且對我們從事是的事業，極端贊許、欽佩，後來我們的工作能够順利的推進，這當是一個重要的因素。

华西实验区江津蛆柑防治队第十分队（贾嗣乡）一期工作概况书面报告及附件（一九四九年七月二十日至八月十日） 9-1-139（140）

70

第四部 個别宣傳

只要是「机会」一分一秒的時间也不容放过，所以我隊同志，無論在工作之餘与老百姓談話，或往返的道路上与人閒談，都三句話不離本行」盡量把握机会作個别的宣傳

這種宣傳是否有效呢？我们相信是有的，因为輕鬆的談話，他们最易了解接受

第五部 果農訪问

我们的工作，通过了上層，还必須深入下層，才能生根持久有成效，所以我们須明瞭果農的情形，同時果農也須了解我们的工作，故訪问果農實為一項不可缺少的宣傳工作。

华西实验区江津蛆柑防治队第十分队（贾嗣乡）一期工作概况书面报告及附件（一九四九年七月二十日至八月十日） 9-1-139（141）

們到果農家裡，他們的表現多不太佳，他們有的懷疑認為現在雖不收稅，將來總要收的，是做的「生意」，有的確恐懼對我校一知半解，並認為大學生下鄉，不怕烈日，不辭勞苦，討人民的好，是共產黨的作風，經過詳談和解釋後，才慢慢地醒悟，而多以「求神下雨」似的眼光望着我們說：「是嘛個搞！你們這些先生又做了太好事囉！」只要我們能耐心解說，果農是可以明白道理的，從連日訪問果農的結果，除了收到宣傳之效果外，最寶貴的是愈堅定了我們對工作的信心，提高對工作的興趣。

华西实验区江津蛆柑防治队第十分队（贾嗣乡）一期工作概况书面报告及附件（一九四九年七月二十日至八月十日） 9-1-139（142）

71

第六部 擴大果農会议

我们見於需要促使鄉公所召集果農大会，到會果農極為踴躍，有一百餘人。他们丟下了家裡的工作，来到這裡開会，其中还有五位老太婆到来，真是不易之事。据鄉長说：「本鄉從沒有這樣盛大的会！」实有這樣的成績，实在也出於我们的意料之外。

到会的一百几十位果農，当然是非常热心他们底柑事業的人，若能使他们徹底明瞭我们的工作，從而把握住他们，将来摘蛆的工作，当然可以「迎刃而解」。

（此会详细情形見擴大果農会议記録）

第七站 柑橘病虫害展覽

我们听到李先生演講过，蛆虫为害广柑，果農都去撲殺天牛和其他的昆虫，反而没有留意真正為害的果实蝇，知病態而不能認清病根，怎能醫治重病呢？故柑橘病虫害展覽实属重要。

「百闻不如一見」先後有一百餘果農參觀，我们的同志在旁詳為講解，他们才恍然大悟，曉得他们的「原來是這個虫！」實杜天牛如何殺除，等煤病，銹蜘蛛，如何为害嚴重，他们听了，如像读了百年書一樣，都自己非常滿足，這種实際的展覽，比其他任何宣傳收效还大。

华西实验区江津蛆柑防治队第十分队（贾嗣乡）一期工作概况书面报告及附件（一九四九年七月二十日至八月十日） 9-1-139（144）

第八節、圖畫、

宣傳最好的東西、莫過於圖畫尤其是普通老百姓純全是本能的易於接受圖畫的教育、他們最喜歡看五顏六色的圖畫、我們宣傳的內容、配合以適當的圖畫、不但能很快的映入他們的心裡、而且能更深的映入他們的心裡、所以在宣傳方式上我們非常重視圖畫、

我們繪出的圖畫、有「果蠅生活史」「果蠅為害廣柑的形情」、[illegible]殺蠅、另外還有總部所發下的三份連環圖畫、我們根據圖畫的內容、詳細的講解、給老百姓聽、使其瞭解果蠅的為害之嚴重、一看殺蛆如何有效、有組織後的各種优点、」他們真如像看戲一

华西实验区江津蛆柑防治队第十分队（贾嗣乡）一期工作概况书面报告及附件（一九四九年七月二十日至八月十日） 9-1-139（145）

华西实验区江津蛆柑防治队第十分队（贾嗣乡）一期工作概况书面报告及附件（一九四九年七月二十日至八月十日） 9-1-139（146）

74

7.20 — 8.10

工作報告

附件

生活情形

贾嗣十分隊

华西实验区江津蛆柑防治队第十分队（贾嗣乡）一期工作概况书面报告及附件（一九四九年七月二十日至八月十日） 9-1-139（147）

75

叁、環境方面

當然，我們在到達賈嗣之前，每個人的腦子裡一定會想到這些事情：賈嗣一定是一個純樸而和平的地方吧。那裡，我們需要一個適合我們作工作的和暫時居住的地址。而且在我們的精神上不應當受到任何不愉快的刺激。同时，我們更需要使自己的生活，求得規律化。

到了我們工作的地方——賈嗣——為了地方環境的許可與配合我們工作上的方便和需要，大家決定住在中心校裡，這是由一個古廟而改作的校地，房子看起來很寬大，但是困难的是寬大而不適用。尤其在這种暑熱的天氣中，我們的辦公室（因為寢室太小同时桌凳的不好分配，所以最近採用集中办公制）寢室，厨房都是不合適的。办公室上午就晒着太

华西实验区江津蛆柑防治队第十分队（贾嗣乡）一期工作概况书面报告及附件（一九四九年七月二十日至八月十日） 9-1-139（148）

氣的熱和住的地方不適合，會影响到你們的工作，並且還要影响到我們的休息和睡眠。所以我們的午覺和晚上往往都睡得不好。但這對我們工作的認識和工作的態度並不發生動摇，反而使我們覺得一個真正的鄉村工作者，不但要克服遭遇到的困难；而且还要加强本身的動力，加强本身的自信。所以我們对於我們每天的作息时间才有一個果断性的安排，於是订了一個作息时间表：

起床——六点钟。　午睡——一点至三点。

早飯——六点三十分。　工作——三点至六点。

工作——七点至十二点。　游泳——六点至七点。

76

晚飯——七点。　　休息——九点至十点。

檢討會——七点至九点。　　睡覺——十点。

作息时间表虽然訂出来了，可是往往因工作的忙迫，我们多在十二点後才睡覺。

执行作息时间表的是由每天值日担任（值日是由大家輪流充當）除此以外值日的工作还有很多：

值日辦事细則：

一、值日每天由一人担任之。

二、值日按本隊工作人員輪流担任。

三、值日負責时间為當天午前五钟起到午後十点半钟止。

[illegible]

五、值日之职责为：

1. 使工作人员按照作息时间作息。 2. 接待外宾及来访之地方人士。

3. 写前日之工作日志。 4. 为出外工作同仁预备返队后所必需之东西（如茶、脸、洗澡、洗脸水等） 5. 看守宿舍及办公地点。

6. 管理伙食。 7. 掉换值日名牌。

六、值日缺席时必须托人代理或与他人相对调，但必须报告队长或分队长，不得私相授受。

七、值日不克尽责时，全体工作人员可于当天之工作检讨会上检举之，如犯有重大之错误，酌视情形通过全体处罚之。

华西实验区江津蛆柑防治队第十分队（贾嗣乡）一期工作概况书面报告及附件（一九四九年七月二十日至八月十日） 9-1-139（151）

77

八、本工作細則如有未當或遺漏之处，经一人提出，全体之三分之二通過修改之。

九、本工作細則经全体通過後施行之。

十、輪值人員姓名以筆劃之多寡排列。

我们的工作開始時，不但果農们对於我们懷疑，就是一部份知識份子雖然他们不說一句話，可是在他们的態度上看来，亦多懷疑和不信任的表现。後来他们看見我们穿了草鞋在炎热的陽光下流着汗水走到每個果農家裡去，我们这种苦幹的精神和我们宣傳工作之配合，於是他们才先由感動而对我们工作得到認識，这在我们精神上得到很大的安慰。

每天工作過後，弄得大家满身的汗泥，提於是邀美的綦江河洗澡了

华西实验区江津蛆柑防治队第十分队（贾嗣乡）一期工作概况书面报告及附件（一九四九年七月二十日至八月十日） 9-1-139（152）

我们每天必须去[illegible]

究不仅给贾嗣穿上了一件美丽的衣服，而且在它的实用上亦是有他的价值。河里不住地来往着船只，尤其在河水特涨时，往来的船只更多，它们大半是运输煤炭。有时，当你的一天的工作完毕后，你站立在岸边河的石滩上，清凉的河风，轻轻地在你耳边说些什么。这时，河里一只只的帆船和那晴朗夜空的景色，会使你沉醉在这美的自然的环境里。

白天有工作，天气热，到了傍晚和晚上，才是我们最愉快的时候，一句笑话会使大家一起大笑起来，一有空就可能到"半个月亮……"或"跑马溜溜的山上……"的歌声，大家随着歌声舞起来了，舞姿对不对我们都不计较，反正只要玩的时候就玩的痛快，工作的时候就认真

78

的工作。整個地说我们的生活是緊张而愉快的。

這裡的中心校（我们住的地方）不久就要開学了，當然我们不能久住下去，所以大家都考慮着搬走的地方和其他问题，虽然，我们現在住的地方，最初来时觉得有些陌生，可是現在完已成了我们最好的朋友了。

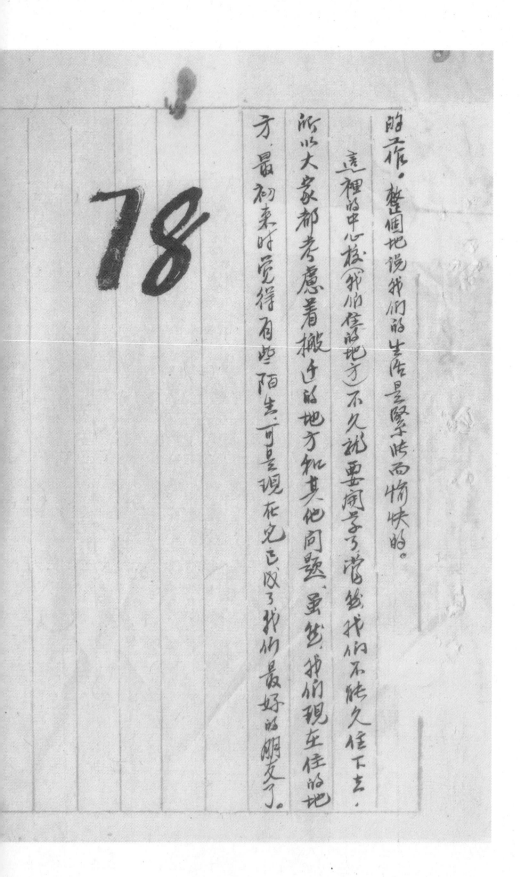

华西实验区江津蛆柑防治队第十分队（贾嗣乡）一期工作概况书面报告及附件（一九四九年七月二十日至八月十日） 9-1-139（164）

86

7.20－8.10

工作報告

附件

標本採集

賈嗣十分隊

华西实验区江津蛆柑防治队第十分队（贾嗣乡）一期工作概况书面报告及附件（一九四九年七月二十日至八月十日） 9-1-139（165）

87

(一)採集標本之目的

本隊採集標本之目的，大約有三点：

A. 在搜集綦河流域之有經濟價值及可供研究參考之動植物，以供以後之利用。

B. 在學習採集標本之方法及技術。

C. 在採得實物標本後，以其向農民解釋病虫害之情形及其來由。

(二)採集標本之計劃

A. 時間之分配——因須不妨害蛆柑防治工作之進行，故只能利用飯後及其他之休息

時間採集，又當調查或其他工作之[illegible]
同時為之。
B、地區之劃定——以時間能力均有限故
以所在地賈嗣鄉為限。
C.人數之多少——仍依照組隊時之規定
由二位同學司其事。
D.採集之重心——動物着重於經濟昆
虫，植物着重於經濟作物，又如有奇特之動
植物，亦採集之。
E.標本之利用——凡有機会時，即將採

华西实验区江津蛆柑防治队第十分队（贾嗣乡）一期工作概况书面报告及附件（一九四九年七月二十日至八月十日） 9-1-139（167）

88

得之病虫害標本向農民展覽，並詳爲解説。

（三）已採得之標本

A. 動物方面——因着重經濟昆虫，故採得者，幾全爲之，今略举如下：

a. 蝗虫成虫
b. 螟虫之幼虫
c. 天牛成虫及幼虫
d. 甜橙果實蠅之成虫及卵
e. 鳳蝶成虫
f. 金龟子成虫
g. 黄螞蟻成虫及巢
h. 蟬成虫
i. 蜻蜓
j. 金針虫
k. 各種蜂類共拾叁頭
l. 椿象

m. 小蜥蜴　　n. 蜘蛛

B. 植物方面——雖着重经濟作物，然以高粱、包穀、小麥、大豆、胡豆与歐馬塲同，且時间不多，故尚未採。今略將已採得之數列后：

a. 甜橙　　b. 稻穀

c. 綠橘　　d. 洋薑

e. 芝麻　　f. 木賊

g. 車前　　h. 天南星科之蒟蒻

i. 臭黃荊（土名）——葉能製涼粉，為此地特產。

（四）病虫害標本之利用情形

华西实验区江津蛆柑防治队第十分队（贾嗣乡）一期工作概况书面报告及附件（一九四九年七月二十日至八月十日） 9-1-139（169）

89

在八月十日，開全鄉擴大果農會議時，曾備有六種病虫害標本展覽，收效甚大，今將名稱列后：

A. 甜橙果實蠅之生活史及為害情形及防治法。

B. 天牛之生活史及為害情形及防治法。

C. 金龜子之生活史及為害情形及防治法。

D. 鳳蝶之生活史及為害情形及防治法。

E. 黃螞蟻之生活史及為害情形及防治法。

F. 煤煙病之為害情形及防治法。

而其中之金龜子及鳳蝶兩項，不知其為害之人甚多，經說明後，已知其利害矣！

(五)[illegible]

A.器具不敷的困難——如放大鏡、顯微鏡、昆虫箱等均缺乏。工作上甚感不便。

B.時間及環境的不利——因時間短少，工作不易繼續及進行，而賈嗣適來似乎害虫甚少，如甜橙果實蠅只捕到極少數，天牛是在龍山鄉捕獲等，使採集起來常感困難。

(六)附本隊所領採集用具

A.毒瓶一隻，樹夾子

B.野冊一副　樹繩子二根

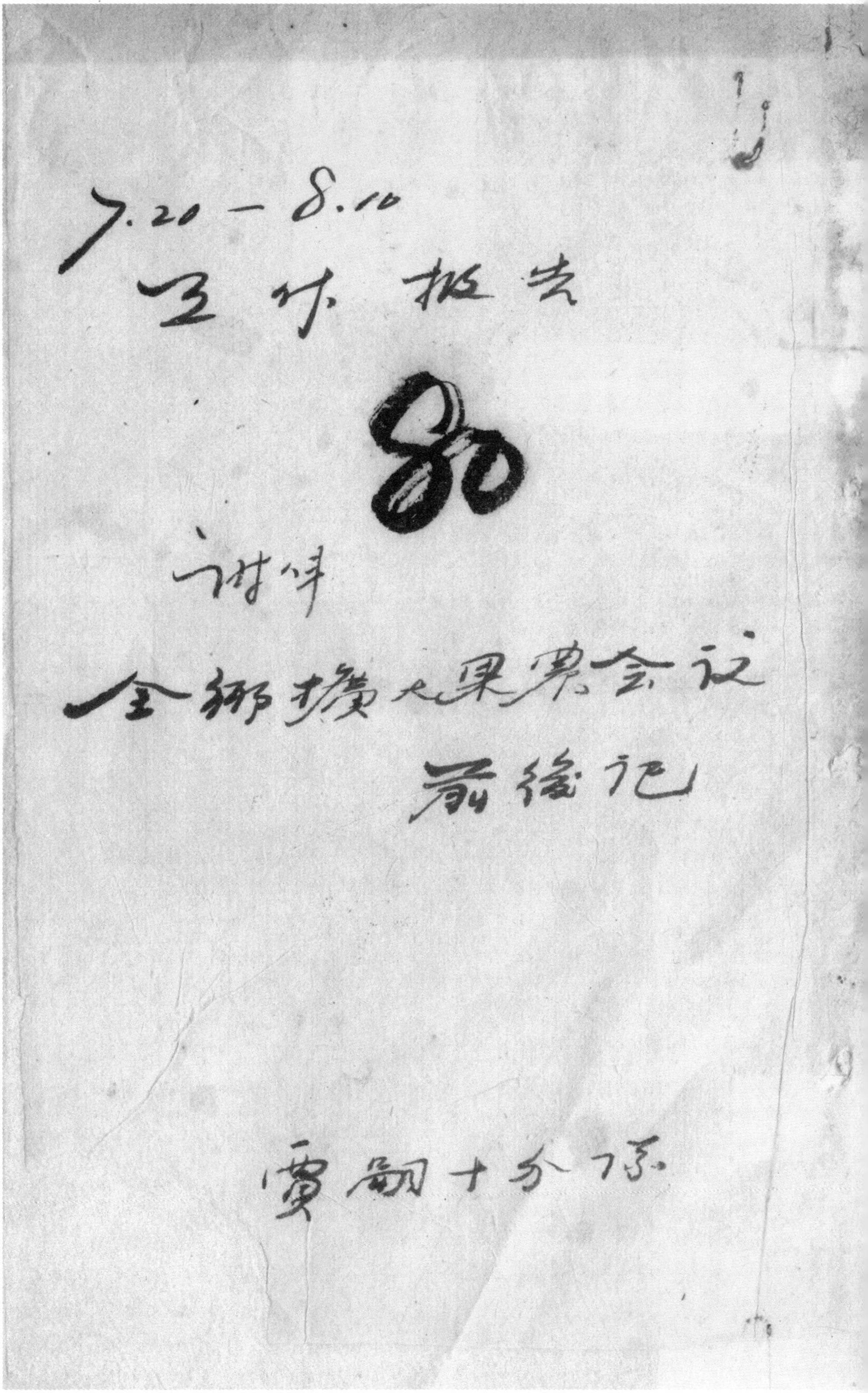
7.20 – 8.10
工作概告
80
附件
全乡扩大果农会议
前后记
贾嗣十分队

华西实验区江津蛆柑防治队第十分队（贾嗣乡）一期工作概况书面报告及附件（一九四九年七月二十日至八月十日） 9-1-139（154）

华西实验区江津蛆柑防治队第十分队（贾嗣乡）一期工作概况书面报告及附件（一九四九年七月二十日至八月十日） 9-1-139（155）

81

擴大果農會議前後記

由於地方人士的充分瞭解，而且感到需要一個組織來推動他們自己利害相關的除蛆工作之情況下，這擴大果農會的籌備會在六日的場期舉行了。指示給他們的組織之路得讓他們自己走去。而我們逐日的忙碌也不過是催化這組織，讓他們自動起來。九日場期一到我們的有計劃的準備大會的工作就有條不紊的展開，先分別與各保聯絡交換意見，盡力鼓吹，促成大會。

十日的会場佈置雖不能說堂皇富麗，卻堪稱內容充實。牆柱上的標語並不多但非常醒目。我們在利用三期壁報貼在

华西实验区江津蛆柑防治队第十分队（贾嗣乡）一期工作概况书面报告及附件（一九四九年七月二十日至八月十日） 9-1-139（156）

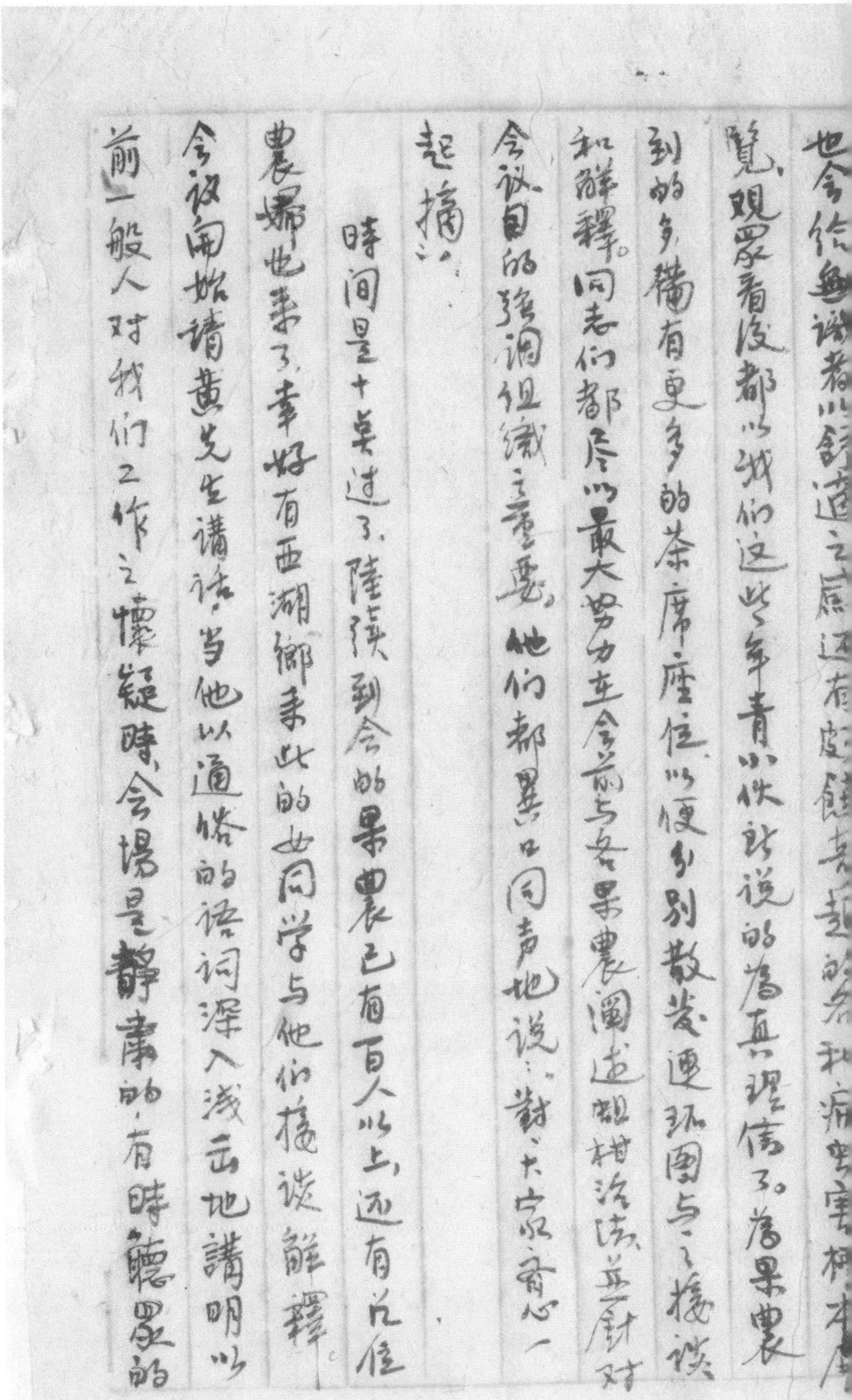
也会给無識者以錯道之虛，还有度餘黃熟的希和病害柑本……
覽，觀眾看後都以我们这些年青小伙計説的為真理信了。為果農
到的多，備有更多的茶席座位，以便分别散发通知圖与之接談
和解釋。同志们都尽以最大努力在会前与各果農闡述蛆柑治法，並針对
会议目的强调組織之重要。他们都異口同声地説：“對，大家齊心一
起搞。”
時间是十点过了，陸續到会的果農已有百人以上，还有兑位
農婦也来了，幸好有西湖鄉来此的女同学与他们接談解釋。
会议開始請黄先生講話，当他以通俗的語詞深入淺出地講明以
前一般人对我们工作之懷疑時，会場是静肅的，有時聽眾的

82

面龐過說着一絲一微笑。又経地方領袖及區長隊長的反覆闡明一個個不禁暗自點頭表示贊同，公約与組織也是在這和洽的情緒中順利通過。散会留影時，果農都不勝榮幸地喜露着笑容，尤其当各保長被邀吃飯那种情況，他們那种衷心的感激与面部表情，真令人深悟中國農村是如何的需要同情与激勵，一点兒實惠就引發出他們的力量真無法估計，民力多着呢！只讓我們如何去開發。

中餐的準備不及，委屈了五湖西湖来參加這次盛典的大隊人馬，十几人一席，倒也一團和氣，有笑有鬧，連客人們甚至也有些驚奇了，也[illegible]的[illegible]程度是從来没見過

华西实验区江津蛆柑防治队第十分队（贾嗣乡）一期工作概况书面报告及附件（一九四九年七月二十日至八月十日） 9-1-139（158）

有這樣等和白匠等詞

华西实验区江津蛆柑防治队第十分队（贾嗣乡）一期工作概况书面报告及附件（一九四九年七月二十日至八月十日） 9-1-139（159）

贾嗣乡蛆柑防治公约

卅八、八、十日通过

一、凡本乡之民均应遵守本公约。

二、不得买卖蛆柑，或以蛆柑赠送他人。

三、除送至杀蛆站之蛆柑得准其运行外，余均不得在本乡境内输运。

四、凡蛆柑被发现应立即摘除。

五、不得让蛆柑落土。

六、摘下之蛆柑，一律运至指定地点由本会统收处理之。

七、不得贩卖青皮广柑。

八、不得任意抛弃蛆柑入河或其他不适当地方。

九、本会会员有互相监督之责。

83

十、違反上三條者除没收其全部廣柑外，並函請鄉公所法辦。[illegible]
十一、如有故意違抗或暖使違約者，得函請鄉公所轉送縣府法辦。
十二、本會會員有[illegible]防治委員會之一切建議。
十三、本公約如有未盡或遺漏處得提交大會修增改之。
十四、本會會員應接受華西實驗區柑桔防治隊之一切指導。
十五、本公約特呈報有關機關備案以作執行之根據。
十六、本公約自通過之日施行之。

华西实验区江津蛆柑防治队第十分队（贾嗣乡）一期工作概况书面报告及附件（一九四九年七月二十日至八月十日）　9-1-139（160）

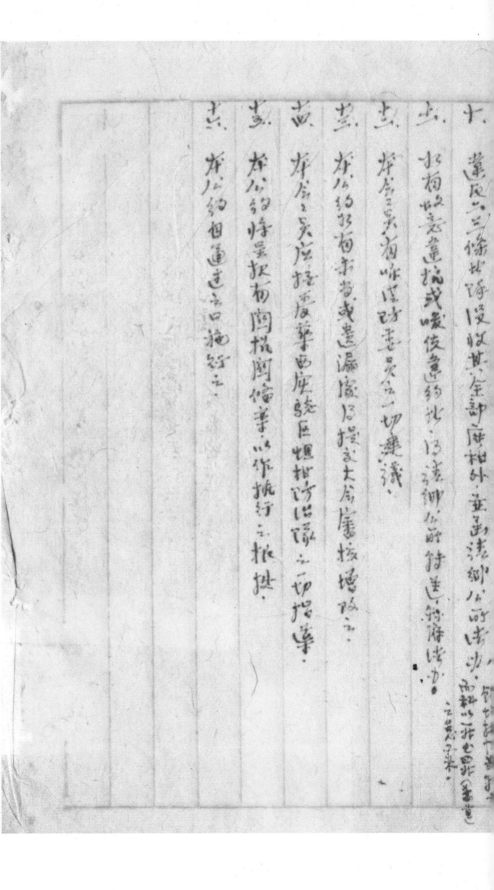

华西实验区江津蛆柑防治队第十分队（贾嗣乡）一期工作概况书面报告及附件（一九四九年七月二十日至八月十日） 9-1-139（161）

贾嗣乡蛆柑防治委员会章程草案。

卅八、八、十日通过

第一章 总则

一、本会定名为："贾嗣乡蛆柑防治委员会"。

二、本会以防治柑橘病虫害，杜绝传播，增加果农生产为目的。

三、本会之地暂设于本乡之公所内。

四、凡本乡植有柑橘类果树之果农均为本会之会员。

五、本会防治工作完全接受华西实验区之一切协助及指导。

第二章 组织及职责

六、本委员会设常务委员九人，并由相互推选主任委员一人负召集之责。

七、本会於执行防治工作时，另组设监委会，由九保之长为委员组成之。

华西实验区江津蛆柑防治队第十分队（贾嗣乡）一期工作概况书面报告及附件（一九四九年七月二十日至八月十日） 9-1-139（162）

七、第三章 会議

八、本会常务委员会定一月召集会議一次，全体大会定半年召集會議一次（兩者時間皆照本章程通過之日計算）。但視實際需要得召開臨時會議。

第四章 权利与義务

九、本会会员有遵守本会一切議決事項之義务及享有本会之一切利益之权利。

十、本会会员如有違反会章之情形，除剝奪其應享权利外，并視情節輕重議處之。

第五章

85

十一、本会之章程经本乡全体农民大会议中通过施行之。

十二、本会之章程当呈报有关机关备案。

十三、本会之章程如有未当及遗漏处经三人之提议，并半数通过得修改之。

华西实验区江津蛆柑防治队第十分队（贾嗣乡）一期工作概况书面报告及附件（一九四九年七月二十日至八月十日） 9-1-139（163）

华西实验区甜橙果实蝇防治队第四分队工作总报告　9-1-155（1）

1

155卷

中華平民教育促進會華西實驗區
甜橙果實蝇防治隊第四分隊
工作總報告

11張

华西实验区甜橙果实蝇防治队第四分队工作总报告　9-1-155（2）

2

一

前言

我們工作日記的第一頁有這樣幾句話：「（一）使我們深切地認識了到江津鄉下去工作的意義——（一）從實際生活中鍛練自己，提高自己；（二）向農民大衆學習並了解實際農村情況；（三）服務農民，跟老百姓做事；（四）在工作中教育自己，啓發農民」。又八月四日我們隊員開第一次座談會，決定了我們的隊員為新生隊的兩個意義：「（一）到鄉下去消滅農產物的病蟲害，使農民藉此而新生，（二）從實際工作中去鍛鍊自己，從吃苦耐勞的實踐中去丟掉自己背上的包袱，讓我們從這次工作的洗鍊中來改造自己，求取一個新的強有力的生命」以我們的工作認識和隊名意義來看，我們絕不是借工作以消遣暑假，更不是以二市石八斗米一月的米貼來飽暖自己，我們是為果農除害，是鍛鍊自己，教育自己，是過學習的生活，我們要把三個月的炎熱暑天變成最可思憶最能偉大的日子，現在我們回學校了，工作已算結束，臨到寫工作總報告的時候，回憶原來的熱忱願望，一方面反省自己的工作，一方面需將工作的一切情形報告總隊部，願忠實的將我們的希望感想和工作情狀寫述於後。

华西实验区甜橙果实蝇防治队第四分队工作总报告 9-1-155（4）

3

工作總報告目錄

第四節　工作困難
(一)由民智不够所遭遇的困難
(二)由鄉村民性散漫所遭遇的困難
(三)由青油人士好靜而有的困難
(四)蛆防會組織不健全所增加的困難
(五)我們沒有直接行政力量所遭遇的困難
(六)我們希望過高所遭遇的困難
第五節　生活情況
第六節　所獲資料
第七節　總結

华西实验区甜橙果实蝇防治队第四分队工作总报告 9-1-155（5）

P.1

第一節：青泊鄉地方環境與人士介紹

我們工作的地點是在綦河右岸的青泊鄉。

青泊鄉屬江津第六督導區，轄有十四保，為一長形地帶。前臨綦江河，來往載運煤米的木船甚多，街坊即峙立於河岸邊；後倚約高百餘公尺之山脉。青泊鄉所管轄的地方即在河與山之間的小邱陵地，唯因小邱陵地起伏不斷，地勢高低差異甚大，土壤質欠佳，致使耕田甚少，糧食產量外不能外銷，故大多數居民不得不多賴邱陵地帶所種的廣柑收益為大宗財源。鉅料最近年遇廣柑內長蛆，減低果農收益不少，正在嘆息無法滅絕防治之時，幸我們防治隊幫

华西实验区甜橙果实蝇防治队第四分队工作总报告　9-1-155（5）

助他們除害，於是當我們一到青泊鄉後，地方上明白而達理者即表歡迎與感謝。

青泊鄉一樣的也不能逃除江津新舊派之爭，和社會上袍哥大爺的主宰與控制。據我們幾個月的觀察，青泊的舊派盛於新派，前者以正副鄉長和王伯遐等人為首領，後者以黃布猷和趙仲麟等人為首領，至袍哥的堂口與活動情形實在與我們的工作無關，故少去交涉往還，而且我們原來根本就不熟悉那一套，更不會對「它」發生興趣，僅採取接交應付而不深入的態度去應付，我們只知道青泊鄉至少有四個社，即「仁」「義」「禮」「信」。他們現時的總舵把子是王伯遐，其他青帮的

华西实验区甜橙果实蝇防治队第四分队工作总报告 9-1-155（6）

P.2

人物與活動亦有，但不顯著。

青泊鄉仍然是中國舊式農村的鄉鎮之一，人民生活不積極，除了逢二、五、八趕塲天較爲忙一點外，街坊的居民總常是以打麻將玩紙牌的賭博遊戲來消遣，街坊又小，一進塲口即聽打牌聲喧嘩盈耳，坐茶館擺天者甚夥，沒有什麽新興的事業與工作在使他們鼓舞活動。在教育上以私塾教育最為發達，甚至有高中畢業者仍在私塾中攻讀，全鄉私塾有三十家以上，至本期進國民中心學校讀書者僅有六十人左右。

正鄉長廖朗軒、副鄉長劉厚墉他們兩人對我們工作的意義與性質非常了解清楚，在許多地方用行政力量來協助並支持我們，但和其他諸地方上的智識人物一樣，卻不能為本地方的利益事出來自動自發的領導作蛆防工作，這是我們隊上感到最頭痛困難的難題。舉述一點於後就可看出他們對工作的反應與行動。我們前後在青泊鄉三個月，隊上正式接受他們的宴請有三次之多，但下鄉同督促摘除蛆柑他們本地方人士不多來參予，總常是我們作主動的吹動他們，尤其在織組的時期，其工作幾全是由我們導演的。

第二節　工作大概

我們依據總部所規定的工作步驟進行工作，七月二十日抵攏青泊，住居鄉公所，認識了正副鄉長，待食宿問題就緒後

华西实验区甜橙果实蝇防治队第四分队工作总报告 9-1-155（8）

即向外界人士聯絡、交談、宣傳。於是七月二十四日全隊正是下鄉去拜訪地方領袖與各園户，現把我們工作的幾個階段略述於後。

(一)認識地方環境與拜訪地方領袖及果農

我們因與鄉公所住在一起，好多地方上的新聞掌故及一切人士環境從與鄉長鄉丁的談話中得來，也使在熟悉環境與拜訪的工夫上走了捷路，如逢塲期即由廖劉兩鄉長在街上介紹，認識當地的袍哥大爺和各保保長等及上層階級的知識人物。在與各方面認識及交談的人物中，我們從客氣的對話漸次吸引在蠅防的工作上，尤其側重說明我們的身份和為什麼要

來工作，如果交談的人有興趣便多多介紹平教會的精神與
宗旨。如在陰天即全隊出發，戴着草帽，提着打狗棒，穿着草
鞋到鄉下各果農家去拜訪。原則上以保為次序，以有資望者
為對象，但遇有特殊的果農亦願前去。當我們某天既決定拜
訪某一保時即與該保保長通知联絡，請鄉公所派鄉丁帶
路，各保保長也常陪我們下鄉作引導介紹。我們借拜訪時
即詢問並察看果園的地形株數。到某保拜訪完畢後，即整
理根據我們所熟悉的資料繪圖表。最初採用全隊一起出
動，後覺得時間不經濟便把我們分成兩組三組分頭去拜訪
從七月二十一日到八月二日我們把全鄉十四保約略拜訪完畢，

华西实验区甜橙果实蝇防治队第四分队工作总报告 9-1-155（10）

83

並作果園位置的初步調查。

（二）宣傳工作

因當地教育不甚普及發達，我們在拜訪果農時有一部份果農竟不相信，天地間會有一批大學生下鄉幫助他們防治蛆柑，而且在大熱天，男男女女的跑來跑去，不要一文錢，也不要一合米。根更還有人相信：蛆柑是不能殲絕的，因為蛆蛾（即甜橙果實蠅）是天上下來的，故拒絕我們拜訪的果農至少有八家以上。於是我們討論研究，要加強宣傳功效，使全鄉人民都了解我們，而且都能知道蛆柑的嚴重性及蛆蛾的生活史，更願以宣傳的力量使他們自動自發的齊心合作來禁体防治。

我們宣傳的方式，主要的是街頭宣傳，在宣傳街上交涉了一家特約的茶館，在茶館的壁牆上，張貼關於蛆柑蛆蛾的生活史及防治法的圖畫，逢場期經常派同學前去解釋指導，街上則滿貼標語，標語的音韻求其諧和，字數不求多，字義求其新穎有力，惟壁報在鄉間不能發生好大效果，故每出刊一次，待總部的傳習画片來後，除盡量張貼各交通要道外，並普遍的送給各果農。至於與各果農或社團領導人物作個別談話時，亦願請他們轉而普遍的宣傳。

至於宣傳的內容，因果農及鄉間人士特別重視現實

华西实验区甜橙果实蝇防治队第四分队工作总报告　9-1-155（12）

7.4

些利益、我們除了常把蛆柑的事作宣傳外、並以今後華西實驗區來津關區作引誘當揮、亦常介紹最近農復會與華西實驗區的工作、同其我們各隊工作的近狀以為啓發鼓勵，從八月二日到八月十日是正式宣傳時期，以後則取隨便宣傳。九月十日第二聯合宣傳隊曾來青油作歌劇游藝表演、收的宣傳效果最大。

(三) 組織果農

在正是宣傳時，為了便利以後的宣傳和整個工作的推行，即望地方上的果農組織早日成立，我們同廖鄉長商討的結果，由他發了通令，令各保保長召集果農開關於蛆防工作的會議。從八月五日至八月九日各保的果農會先後開完，每次果農會都有我們去列席講演，講演內容除介紹果實蠅的生活史及防治法，並提醒勸告各果農注意齊心合作，澈除大家所痛恨的蟲害，選舉出熱心而有能力的為領導人，共同制訂並實施章程公約。於是這次各保開會結果都選出代表三人，因我們工作的幅圓太大，承謀真、武西湖賈嗣三隊同學的幫助，已於八月五日前画去了五保，故實際上有九保的工作，選出的代表共計二十七人，在八月十二日各代表於鄉公所開了一次蛆防會籌備會，選出代表七人研討組織章程，八月二十二日七位代表又開了一次籌備會，終於在八月二十九日青油鄉蛆柑防治會正

9

P.5

式成立，通過組織章程及各保蛆防分會組織章程與蛆防公約，並選舉正副主席及各常委、執委，執委是九保各一人，再加上鄉長及鄉民代表主席共十一人。但開成立會時僅是各保負責人出席通过了章程公約（因各保的代表在最初開會被選時即付與全權處理章程公約事）恐鄉下各散漫的果農不甚了解，於是各保又成立蛆防會分會，結果各保都無異意的開會追認了章程公約，並選出各保的幹事與監察。至各保蛆防分會的成立期是九月四日到九月九日，亦有我們同学前去列席指導。其組織章程與公約乃本隊與蛆防會負責人商擬後的共同作品，其組織開會的主動（動机）由我們發動與促成的。為什麼特別成立蛆防分會呢，因地域大，若非上層的人物與組織，不能收到執行與督促的功效，故特別強調基層的組織，以保為單位來工作和管理。

（四）果園及農業概況調查

宣傳、組織與調查三步工作是同時並輔而行，組織與調查時即脫不了宣傳，在組織時期也是調查時期，因為要適應地方環境與人士時間的關係混在一起作。正是式調查果園及農業概況是七月十七日到九月二日始結束。調查的次序以保為先後，或者受附近園期場的影響略有變更，調查的內容、依據調查表格填寫，調查方式：最初我們想

华西实验区甜橙果实蝇防治队第四分队工作总报告　9-1-155（16）

10

P.6

到此次調查所獲資料只是用來作營術性的分析、和熟悉果園概況而已、不會有多大的困難阻礙。但鄉下的多數果農都避免我們去調查、於是最初正是取表格出來填寫的方式去搏、用旁擊敲側擊或擺龍門陣的方法獲得資料填寫、調查的時間從早飯後出發約於午後一時左右結束、調查時多是兩人一組。因青泊鄉園户特别多故採取抽樣揷調查、已調查者包括幾株的、幾十株的、幾百株的、幾千株的。

五）選定示範果園

經過兩個月的認識調查、隊員們互相商議、結果選定五保萬里程與九保彭錫川兩先生的果園為示範果園、萬先

华西实验区甜橙果实蝇防治队第四分队工作总报告 9-1-155（17）

生在外面奔走工作有年，對事亦有魄力，對果實蛆的為害早有認識注意，對我們的作蛆防工作非常贊賞協助，對農民亦有信認資望，距場約七里，有百餘株廣柑，蛆柑為害成份在去年為百分之三十。彭先生曾在真武農場工作幾年，對蛆防工作亦甚了解熱心，有一百式十株廣柑，近鐵路旁，距場約四里許，蛆柑在去年為害成份為百分之二十至三十之間。

（六）挖殺虫坑同摘除蛆柑

九月二十三日蛆防會同我們蛆防隊（我們為了通俗簡便，把我們的隊名向外通用蛆防隊）開了一次關於挖坑殺虫的會，會的決議：每保必定挖兩個用五十斤藥劑的公共坑，其代石

华西实验区甜橙果实蝇防治队第四分队工作总报告 9-1-155（18）

灰坑以破爛的糞坑補修充用，限定由鄉公所下命令，限定各保保長在一週內完成。但在一週後，一個坑也沒有完成，保長視命令為兒戲。這時我們已把九保分成八個區，由八位同學分担負責。看見命令不能收到效果，於是我們八人分八起與各保保蛆防會籌商計画，結果在我們十月十四日離開青泊時據統計，能用D.D.T.藥劑的公共坑有十個以上，能用生石灰毒殺蛆的坑有二十個以上，至於不能顧及到以坑殺蛆者則勸請用水煮火燒法殺蛆。但此地得特別介紹第五保，對於摘除蛆柑的營計画與處理。五保蛆防会正会長是萬里程，副會長是陳榮耀（又是保長）兩人都對工作熱心而有成績，總力，同我們一位負責五作的保學擬定了一個煮蛆計画，全區作的十保訂十個煮蛆站，在規定煮蛆柑的一天，各甲果農自己摘下蛆柑送到該甲的煮蛆站去，煮蛆的煤炭由各甲果農廣柑株數的多少攤派，規定五天煮一次，煮蛆柑的一天，整個蛆防會負責（包括正副会長和幹事監察）會同蛆防隊到各煮蛆站去察看，（其作用一方面是看果農是否依照去實行，一方面去紀錄煮了若干蛆）如有違反規定者即罰以五老斗米到一老斗米的罰款，這個計画在一次保長會議時通過，通過後即依照實行，當本所離開青泊時已煮了兩次蛆柑，每次都在一萬四千個以上，果農表現的精神非常良好，最後雖發現有三人違法，但都給予亞嚴重的罰款，

华西实验区甜橙果实蝇防治队第四分队工作总报告 9-1-155（20）

P.8

可以說該保的工作真是做到了自動自發，團結齊心。

另外為了經常警惕果農重視摘除蛆柑，全鄉又商量組織一個联合巡察隊，由鄉公所蛆防会以及地方上熱心蛆防工作者會同蛆防隊組成，不定期的下鄉檢查，在十月八日曾作第一次联合巡察，当天檢查了八保二分之的果農園，结果却沒有發現地下有一個蛆柑，也就是無一個受罰，都是遵照我們的勸告，前來在辦理。

第三節 工作態度

我們遵重在講訓時期諸先生的講訓，我們幾個月工作的態度是：對老百姓取近距离，坦白的告訴，坦白的學習，对不必同流合烏的人物敢遠敬之的應付一切，務使能對工作有幫助，並對工作本身竭力求認真、認定青泊鄉今年蛆防工作至少應收到百分之五十以上的效果，才是我們的功能。因之我們下鄉多於守家，作事多於休息看書。

第四節　工作困難

我們來到青泊作工作前，想到協助地方人士減除害蟲、蟲蛀，既不要報酬，亦不涉及其他利害關係，絕不會有好多困難。可是事實上我們所遭遇的困難却多得很，尤其係越作得真切澈底，困難也就愈多。

（一）由民智不够的所遭遇的困難。　因歷年來政府對老百娃總是抽稅才找到他們，使他們對外界派來的人因痛恨恐懼即俱有戒備猜忌的心裡，今年我們幫他們防治蛆柑找他會來調查一解釋，他們一部份的果農認識不清，以為我們是抽稅徵丁的或別有企圖，這使得我們的調查宣傳受了一些阻礙，增加工作的吃力。

(二)由鄉村民性散漫所遭遇到的困難

多數人的心裡想多是：各自打掃門前雪，休管他人瓦上霜，欲想在鄉村過慣了自給自足自作自受的老百姓出來為一件事不得報酬而宣傳實是極难的事，即是果農們都已了解蛆柑的利害與防治法，但當他們人力與時間不够時，他們是不願意犧牲一切去開會組織團体或從樹上摘下蛆柑又是否合於方法會處理……

由於他們民性的関係，使在組織的階段同摘除蛆柑的督促耗費了我們無數的精力。

（三）由於地方政治人士的靜而有的困難。當地的智識青年同各階層的人，在口頭上对我們說感激恭維的言辭非常多，但真正作实際而有力的幫助者則少。他們僅是抱有這種態度，假如我們這次不作蛆防工作，他們自己果園内有的蛆柑會自己振治。我們既然去了，索性就交給我們作，只站在旁邊，可助則助，無助則看，仍然避着清玩而已。關於這一點，实保是我們工作不能輕便的最大原因。如果說本隊工作缺點是最值得檢討指責

华西实验区甜橙果实蝇防治队第四分队工作总报告　9-1-155（24）

14

210

者。這絶是我們不敢諱言推諉的，這怪我們没有造動他們。

四、蜖防会組織不健全所增加的困難　青泊鄉蜖防會的主席由廖朗軒鄉長、副主席為第三保保長林克光，廖鄉長雖然借用了許多的行政力量推行蜖防工作，但其人軟弱，吹動則動，不吹則停的人物，林保長因保長這幾個月辦理兵糧，耽誤事務，至使整個蜖防工作缺乏強有力的領導者，至其各保蜖防会分会負責人因地理關係，家計問題，亦没有合作而作有系統的計畫工作，使得我們的工作無從輕鬆。

五、我們没有直接的行政力量所遭遇的困難　我們的計畫要果農們作的，但有没有權力作操縱，故一切只是勸告式的作減低之作就收的效果。

(二)我們希望過高所遭遇到的困難　不管任何困難經我們苦心耐勞的宣傳勸告解釋果農雖不能完全出來熱心領導但都願自己設法處理自己的蛆柑可是我們認為這樣不够，尤其想到我們在烈日與雨天下所受的辛苦忍憤不顧慮到困難問題那要收到百分之五十以上的效果不可自然遭遇的困難就多了。

第五節　生活情況

我們認為這次去津是愉快而有意義的工作是學習的時期，因之我們的生活也就過得有變化而生動。

P.11

我們的作息時間表是這樣、五鈡點起床、六點半早餐、早餐後是出發跑山、十二點鈡午餐、午後一至三鈡午覺、六鈡至八點半洗澡洗衣和晚餐、八點半後至十一鈡是檢討會。但因工作的關係時間的變動甚大、檢討会在八月二十日以前幾乎天天開檢討當天工作的得失及預定第二天的工作、從八月二十日以後因工作與時間的關係、兩三天開一次檢討會。但必要時是常常開的。

在出外工作時屋裡必留一人作值日、作值日者的工作是：按作息時間表督促同學工作和休息；搜集當天一切工作資料在檢討會報告；主持該日檢討會；寫前一日之工作日記；接待客人、負責寢室廚房之整潔管理。

這次同學間彼此顯著特别和氣親熱、各隊間表現的感情招待總是够人感動，從各同學到其他各隊玩耍後都說，假使你到任何一隊的話，不管人熟與不熟，對你總（絕）不會冷待，總是拿最好的東西你吃，留最好的床鋪你睡，盡量抽最多的時間陪你玩，盡最大的熱忱挽留你住。三個月中，十六隊除永豐無同學未曾來玩耍外，其餘各隊都有同學来玩，背本隊同學出外觀摩玩耍在九月中旬和下旬，除永豐馬鬃兩隊外全都去觀光過。

至地方上的知識青年，除在街坊相見時候談述外，特我

华西实验区甜橙果实蝇防治队第四分队工作总报告　9-1-155（28）

P.12

們聯络的時候少，頗為遺憾。

第六節　所獲資料

經三個月的調查認識，關於青泊鄉我們工作的九保所收獲的資料簡列於後：

(一)全九保(包括一、二、三、四、五、八、九、十二、十三、十五保)共三萬五千二百八十四株廣柑，已成林者佔二萬四千八百八十六株，未成林者佔一萬四百零二株。(該果園概況調查的統計有二萬九千餘株，青泊鄉蛆防会為備案報該會員名冊時有二萬三千多株(因会員名冊當時尚未補登完全))

(二)全九保共有五百五十八家以上的廣柑園戶四

(三)根據統計去年蛆柑估占廣柑產量在百分之五十左右
(最先報專署只有百分之三十三)
(四)根據抽樣調查結果全九保以樹齡在十年到二十的廣柑樹最多，其次為十年內的，再其次為二十年至三十年的，再其次為三十年以上的
(五)從九月二十七至十月十二日約摘有十一萬蛆柑。
(六)剖開一百個蛆柑，最少的蛆有十個，最多的蛆有一百零四個，以有十四個蛆的數目最多。

第七節 總結

(一)給予地方上的影響

华西实验区甜橙果实蝇防治队第四分队工作总报告　9-1-155（30）

17

P.13

a、五龍𠙶青泊時，除二家果農仍然不清楚我們的工作意義和性質外，凡從前反对或懷疑者都已了解清楚。

b、懷疑蛆柑是天生的和不知道今年有限蛆防隊的果農已除绝竟盡。（因五百多家果農由于这的督促勸導都已知悉了）

c、果農都重視摘除蛆柑，以避免受處罰，改變往年隨便處理蛆柑的觀念。

d、青泊人士抱有懷疑冷淡的態度者，因為見我們终日奔跑一文不取而去，除感（我們的）热精神外，終於重視本鄉的生産利益，除敬献錦旗一面予我們外，他們自己痛下自己，願日後自動自発的領導蛆防工作、

e. 是以無阻礙而真正能照有計画與進度去作，明年整個青泊鄉至少多產二百萬廣柑，這是在經濟上直接給予果農的幸福。

f. 除了使果農看重集体防治蛆柑外，我們的鄉建精神在青泊開了花。

(二) 檢討我們自己

a. 我們的準備與能力　我們起初把這次的鄉村工作看得頗為簡單容易，殊料為了要真正能收到而不實際而不合宣傳性的效果，則碰到的問題就細節而篤實，在初未去前的初步联絡與宣傳沒有準備，是一個大的缺點，而

华西实验区甜橙果实蝇防治队第四分队工作总报告 9-1-155（32）

18

P.14

因一到青泊後，宣傳的工具又差，平時闲於講話和農学上的知識不夠，對果農沒有好多賜予。

b、我們的態度与方針

我們認為這次表現的耐劳謙恭同尊重对方意見的工作態度做得最好，可就為此增加了自己很多的困難，因為我們少用強硬的手段、嚴利的言辭去对付各蛆防負責人，使他们对工作有些拖水隨便，將像蛆防工作他们還没给我們關切認真。

我們想加強基層組織与宣傳工作，故想各保開会的次數多，增加工作的負担，而且没有找出真正能領導全鄉作蛆防工作的人出來。且將散漫的組織而以散漫的方式去對付，使得整個工作的徹底與工作的計画管理顯得不穩當，也不健全。

乙、關於總部的、

總隊部以師生同兄弟的關係待各隊同学是深為同学所稱贊滿意的。但總部出巡的人來回的數次太少了。而且來了真正能注意協工作的困難者鮮有，要是儘說些原則與方針與我們，我們又對果農或果農組織負責人說些原則方針，那可以說我們簡直是一個敷衍的機關了。

丙、於五·四·六藥劑經 我們實驗要在三十六小時後

华西实验区甜橙果实蝇防治队第四分队工作总报告 9-1-155（34）

19

P.15

才能殺死蛆。我們感覺到三個月對農民所開支票信約全都兌了現，然只此藥劑的效用不能兌現，這不覺是農民的訾議，同學間亦甚覺不滿意的。

（三）能了解的農村與農民

為了抗戰，歷年來政府在老百姓身上所徵抽的兵糧實在够繁苛，老百姓所吃的喝的已到了最低限度的享受了。我們親見到無數婦女小孩担運煤炭過活。整個農村皆是因陋就簡，無從談興建的事業，更無從有安樂的情感。近年綦江一帶的主要副產物的廣柑長了蛆，更是使老百姓痛苦不能安適。至農民本身因教育不够，仍原難棄舊有的生活習慣只是因生計艱困格外注重現實，我們今天作鄉建工作，雖重在以教育為首，但應特別以經濟利益刺激提攜農民才能收到效果的。

四、結論

勞累了幾個月，但我們高興滿意，我們是實在為予農民謀福利，至所遭遇的困難是因為我們所作的是開創工作，故特別多。我們遭遇到的困難愈多我們也就獲得更多的經驗，因此，工作結束了，沒有抱怨只有愉快。

华西实验区江津蛆柑防治队第二区队高歌乡第六分队工作总报告 9-1-155（36）

20

华西实验区江津蛆柑防治队第二区队高歇乡第六分队工作总报告　9-1-155（37）

中華平民教育促進會
華西实驗區
江津蛆柑防治隊第二區隊高歇第六分隊之工作總報告

21

华西实验区江津蛆柑防治队第二区队高歇乡第六分队工作总报告 9-1-155（38）

22

1、绪論
一、对工作之認識
二、对地方環境之認識
2、工作大綱之拟定
3、工作實際概況
4、工作中的插曲
5、總结

华西实验区江津蛆柑防治队第二区队高歇乡第六分队工作总报告　9-1-155（39）

23

中華平民教育促進會
華西實驗區　江津蛆柑防治隊第二區隊第六分隊工作總報告

總論

一、對工作之認識

在正式知道了暑假期中有了去江津作防治蛆柑工作的機會，差不多每個同學都紛紛放棄了原想回家、休息、讀書的計劃，熱烈的踴躍的報名、受訓、討論、準備參加這項工作的一切手續。這種情形之產生，一方面固然有經濟上的原因，但更主要的，還是每個同學都認為這項工作有意義、有價值。所以自始就不是以僱傭勞動的態度來做這項工作，我們覺得它的意義在：

一、是踏踏實實的做事，使真正實實的對農民有益的工作。

华西实验区江津蛆柑防治队第二区队高歇乡第六分队工作总报告 9-1-155（40）

正如蔡代院长霍先生说的：「我干了这许多年事了，若要我认真说哪一件事是对老百姓有好处的，实在不敢说，但这一回，你们只要摘下一个蛆柑，农民就实实在在得了一分好处。这样好的工作机会，哪里去找？」虽然在座谈会上曾一度提及「大菓农与小菓农」、「国主与佃户」之利害甚多的问题，但在江津这十六个乡镇的土地分配不太悬殊，不太严重的情形下，这种对农民有利的工作是不必怀疑的。

（二）为农人自己着想，这次工作是一个锻炼农人自己充实自己的好机会。

第一是认识农村，农人的目标是建设乡村，将来的工

24

化也是建設鄉村，這是一个農夫和一个工程師的工作，要把落後組織的，有毒的貧、愚、弱、私鏟除去，把新的民主與科學帶進來，這好像帶着武器去攻破敵人的堡壘，必先知道敵方的實際情形，才可以得知怎樣使用武器和戰術，所謂知己知彼，百戰百勝之故，我們當然不能輕易放過這個偉大敵人堡壘觀察的機會。

第二是可以向農民學習，就是院長說的「先要農民化」，才能農民化。讓我們從未想過：我們有氯化苦，有火油，D.D.T.，有金字，叫那些又髒又窮的泥巴腳桿的老百姓來跪領我們的一点恩惠就快快滾開」錯誤的思想。相反的，我

华西实验区江津蛆柑防治队第二区队高歌乡第六分队工作总报告 9-1-155（42）

們是抱著很大的希望－向農民学習，学習他們的語言，学習他們勤勞樸實的生活習慣，不懂就問，不明白就請教，變成他們羣中的一份子。這樣才和當地農民結合了，得到他們的信仰，引发出他們的力量。

我們大多數来自小城和鄉鎮，當然也有和農民相隔不遠的，但因生活環境社會地位種種限制，很不容易有這樣一個和農民生活在一起的機會，所以我們七個隊员便參加了这浩浩蕩蕩的行列——江津蛆柑防治隊，在陶存、汪靜兩位領隊領導之下，分派在高歌工作。

二、對地方環境之認識

一

以领域而言，高歇乡是江津县的大乡之一，但并不富庶，原因山地太多，计有十保，每保多至十二甲，少则九甲，每甲约二十户，有广柑的户数约有一千户左右，甜橙树有二万五千株。乡长刘际珍是中学毕业，其对地方政务具有热诚，故对这次蛆防工作极为赞助。副乡长舒梅岩，也是落第中学毕业，致宽闲容，说话很有魄力。

按老例每乡都有掌实、言详两派。但高歇的这两派在对外方面，却很顾门面，并不互相水火，以致工作进行困难。在他们合作默契之下，也起了欺蒙作用，使我们的工作收和受阻。这一批地方领袖是包括了掌实新派的杨仲康——乡民代表主席

华西实验区江津蛆柑防治队第二区队高歇乡第六分队工作总报告 9-1-155（44）

·曾俊儒——崇实联总舵把子，正谊社——老派的舵把君杨乳言，这都是高歇乡的地主阶级。最富的舵把君可收租百多老石谷，最少的杨乳言不过卅多石谷的收入，在此抗战戡乱的压榨下，只能说得上不愁衣食而已。他们似乎是高歇的重心，假如输血，他们就可以得到最大最先的供应。所以他们切盼着华西实验区在此开区。

其次是地方上的生护者等，本来农们对他们的希望很大，估计很高，但事实上他们对农们的工作帮助甚微，只有一位十四岁的五福中学五期学生——夏辉强，热心、自辞，每天在大太阳下替农们引路，值得农们在此提出致敬谢的。其余有乡长的两个公

26

子劉玉璋，賀有章先生的兩個兒子，熱情的劉惠秋，左堂大的林大義，以大的賀錫明，曾友悅的唐森選，他們或以為地方上事无可為，或者囿於傳統的權威，不願出露头角，或者屈服於生物的惰性，不願為工作，出實力，在舊社會的嫉妒、貪婪毒氣中的，沒有發揮他們應有的活力與熱情。

工作大綱之擬定

本隊工作計劃之擬定，純以在學訓期間總隊部所發下之「甜橙果實蠅防治工作進行須知」為藍本，但因時間之差異，客观環境之需要，故本隊工作計劃稍有差別，而於進行之步驟則大同小異，故誌如後：

华西实验区江津蛆柑防治队第二区队高歌乡第六分队工作总报告　9-1-155（46）

一、第一阶段工作：
1、认识地方环境，访熟悉地方人士。
2、果园位置调查与家庭拜访。
3、宣传工作。
时间：七月十七日始至八月五日结束。
二、第二阶段工作
1、继续第一阶段之宣传工作。
2、工作区域之划分。
3、发动全乡自动组织，自立公约。
4、至各保开防治蛆柑该委员会、

27

5、填调查表、

6、防治蛆柑宣傳大會、

時間：八月六日始至九月五日結束。

三、第二階段工作

1、隊與隊間互相观摩交换工作經驗

2、選定示範果園、

3、督導挖坑工作、

時間：九月六日始至九月廿日結束、

四、第四階段之工作

1、高歇蛆柑檢查隊之組織与採摘受害果實

华西实验区江津蛆柑防治队第二区队高歇乡第六分队工作总报告 9-1-155（48）

五、开标本展览会、

六、民教主任之实习工作、

七、完成工作记载及一切指定的结束工作

时间：十月一日至十月十日结束。

工作实际概况

1、认识地方环境与熟悉地方人士——七月十七日晚七九点钟，本队经两天劳累的旅行后，达到了工作地点——高歇镇。十八号下午由徐奎如区队长领队带我们去拜访了当地士绅，及地方首要。十九号设宴招待地方人士。廿一号由乡公所召开保干联席会，本队报告了“本队工作之意义及目的”、“果实蝇之为害及防治方法”、“本对乡

28

建工作概況：

1.果園位置之調查与家庭拜訪：廿二号開始下鄉，实地踏查各果園探察其位置地形，并作宣傳，工作之重心在於明瞭全鄉果樹株數，以及果樹分佈情形，和注意示範果園之选定，本隊分為兩組，每天走一保，早上六點一鐘出發，經常於下午三點鐘回隊，要有果樹的園户均挨次拜訪，直至八月五号始結束。

2.宣傳工作：宣傳工作係配合工作階段而進行的，宣傳只是片斷性的，在此時期之內的宣傳方式包括下列數種：

A.口頭宣傳：每逢場期，都在茶館、酒店作口頭講演，講的內容為：“我們是從那裡來的”，“我們是来幹啥子的”。

华西实验区江津蛆柑防治队第二区队高歇乡第六分队工作总报告　9-1-155（50）

的经过是从那裡来的"，"蛆柑之生活史"，"蛆柑之防治法"，方式分为当众演讲，私人劝解，同时并进。

B、壁报：共两期，每幅壁报，第一期内容为"我们是从那裡来的"，"我们来做啥子的"，"介绍本队"，"蛆柑防治法"，"蛆柑生活史"，"江津广柑须知"，"敬告高歇父老"。

第二期壁报内容为"十几天来拜访的印象"，"为甚麽要调查"，"自己的事自己干"，"摘蛆柑就是要齐心"。

C、传单、标语：印就"告果农书"一份，到处张贴，散发标语，用字尽量通俗易懂。

D、请本地士绅讲话：有声望的士绅讲话，老百姓易於接

29

受。

E、與本地知識青年聯絡，與之解釋，並請代為宣傳。

二、第二階段工作

1、工作區域之劃分：本鄉地區太大，橫縱有五十里，在總隊之指示下，有重新劃分區域之必要。在八月六日乃完成「高歇鄉果樹分佈地圖」，除留底稿之外，抄送總隊部備查。

2、發動全鄉自動組織，自立公約：八月七日由鄉公所召集各保保長、保代表、及本鄉鄉民代表、農會理事、本鄉士紳、各熱心的遠近果農約五十人開會，完成「高歇鄉蛆柑防治會」之組織及蛆柑防治公約如后：

华西实验区江津蛆柑防治队第二区队高歇乡第六分队工作总报告 9-1-155（52）

高歇乡蛆柑防治会
↓
高歇乡蛆柑防治会第（一）保分会
↓
高歇乡蛆柑防治会第（一）保分会第（一）甲执行小组

高歇乡蛆柑防治会由委员七人组成，主任委员是乡长刘席珍，副主任委员是农会理事莫思安和乡民代表主席杨伟康，其余四个委员是杨孔书、贺有章、夏启麟、张寓铭，是为高歇乡蛆柑防治会最高机构之负责人。各保分会，有主任委员一保长，副委员一保代表，及乡里明达人士三人，共五人组成。各甲之执行小组，甲长为当然组长，另选二位热心果农组成。

蛆柑防治公约：

一、凡本乡有果农园之园户或园主均一律遵守本公约、

30

二、果农应接受蛆柑防治队之指导、

三、不准以蛆柑买卖或赠送、

四、不准外乡客人来买蛆柑、不然送乡公所究办、

五、凡有蛆柑不摘者、罚银一元、如情形严重则乡公所可以拘押、并酌量送县府究办、

六、将蛆柑摘後、应听从蛆柑防治队之指导、在指定地点处理之、

七、本公约自公布之日执行、

八、本公约如有未尽事宜、得开大会修改之、

九、本公约送县府批准、并令本乡区保执行、送法院备案、

华西实验区江津蛆柑防治队第二区队高歇乡第六分队工作总报告 9-1-155（54）

3.各保召開蛆柑防治委員會：從八月九日至十七日將全鄉十保之會開完，本隊分為兩組每日去各保办公處開會，成立各保分會及各甲執行小組，本隊之員刻苦認真精神，使他們受了感動，慢慢的除去了他們以往不守時刻、不負責的因襲習慣。

八月九日二保和九保分會及其各甲小組會成立。
八月十一日，五保分會及其執行小組完成。
八月十二日，十保、八保之分會及各甲執行小組成立。
八月十四日，六保、四保、三保之分會及各甲執行小組成立。
八月十五日，七保分會及其各執行小組之組完成。
八月十六日，一保分會及其執行小組完成。

4.填調查表：宣傳工作隨工作性質改變，從八月十七日起，逢

华西实验区江津蛆柑防治队第二区队高歇乡第六分队工作总报告　9-1-155（55）

31

場期就至茶館、酒店作口頭宣傳，並且請當地紳士說明填調查表的意義。八月廿日出調查專刊，經過努力宣傳的結果，一般老百姓已有認識。本隊經商議之後，乃採自由填表方式，而實際到鄉裡調查。由果農自願來填，情形良好，截止九月廿日，總計已填就調查表一八一份。

5. 防治蛆柑宣傳大會：為酬謝本鄉士紳及地方首要、青年朋友对防治蛆柑工作之熱心，特定在九月五號開同樂會。從九月一日起，本隊積極籌備同樂會節目，所編話劇、連宵等均為宣傳性質。在九月五日午後二鐘開始，五鐘結束，結果成績很好，到會六百多人，情緒很高，感情融合。

华西实验区江津蛔柑防治队第二区队高歇乡第六分队工作总报告 9-1-155（56）

三、第三階段工作

1.隊與隊間互相观摩，交換工作經驗，自九月杪，工作告一段落，其他各隊也如此，為了彼此观摩交換工作經驗，六分本隊隊員走杜市，七分去廣兴，八分去賈嗣，九分到吉泊，十分到真武，十一分由真武折返高歇。

2.選定示範果園，通過會議方式，議決設示範果園兩處，一為十保一甲賀有章，一為四保五甲鍾春城處，按總隊指示，訂立了示範果園合約，由園主與本隊各執一紙。

3.挖坑工作：在九月中旬樹上已能發現蛔柑，本隊以此時摘殺蛔柑為最主要之工作，本隊特標榜三大原則，一、積極性，二、

华西实验区江津蛆柑防治队第二区队高歇乡第六分队工作总报告　9-1-155（57）

302

認真性、三、嚴格性、加緊時間工作。

九月十八日，本鄉蛆柑防治會開會，分配各保甲負責人鋪令果農挖坑，本隊隊員為督導，凡五十株以下者用燒煮方法殺蛆，凡十株以上者挖坑一个，坑之大小視蛆柑多寡而定，此即採用曠有章先生用之深坑埋藏法，本隊分為兩組，每日晨七時出發至午後傍晚乃能返隊，督導工作日程如下：

九月廿日　一、二兩保、　九月廿二日　三、四兩保

九月廿三日　五、六兩保　九月廿五日　九、十兩保

九月廿九日　七、八兩保、

四、第四階段工作

华西实验区江津蛆柑防治队第二区队高歇乡第六分队工作总报告　9-1-155（58）

1.检查队之组织与採摘受害果实：十月於完毕挖坑工作，因为老百姓已明瞭此种工作，故商同蛆柑防治会採纳牺牲，用告佈告、鸣锣方式，规定果农在十日夜全部挖好坑，否则按公约执行。在十月百日蛆柑防治会开会，组织蛆柑检查队，每保一个，由保长任队长，乡丁二人、保丁二人、保委员三人为充任队员，聘请本队之队员为督导员，决定在十月五日起，挨保检查，结果成绩良好，果农普遍摘果，促成乡下有摘果的风气。

乙.标本展览会：为了使一般果农更明瞭蛆柑之来历、蛆蝇为害情形，在十月四日乃举办展览会，展览品的内容有植物标本（果树、花卉、作物、草类等）、广柑病虫害情形（附防

33

治法、動物標本、简单昆虫等，殺虫药剂等，到的老百姓很踊躍，有五六百人，在展覽的时候，一方面给老百姓解释，使他们获得了不少的有关科学的知識。

3、实習民教主任工作：江津前為華西实验區輔導區，各鄉民教主任暫定為三位，在蛆柑防治隊未離江津之時，民教主任要在各分隊實習一段時间，熟習工作情形之後，以便继續防治蛆柑工作，在十月一日來隊民教主任臧自祥，十月四日來隊之民教主任曾祥文，十月七日來隊之民教主任刁樹亭，到隊皆参加本隊就進行之工作，室外工作為督導检查摘果，室内工作整理「果園位置调查表」、「果園分佈地圖」、以及统计圖表等。

华西实验区江津蛆柑防治队第二区队高歇乡第六分队工作总报告 9-1-155（60）

六、完成工作记载及一面计指定工作，自六日止，本队停止室外工作，七号至十号完成工作记载，及一面总队部所指定之工作，计完成工作如下：

①、整理完毕高歇果园检查调查表一六一份。

②、移交与民教主任工作报告书一（分为已完成工作，未完成工作，果农概述）。

③、公物移交与民教主任清册，

④、交总队部高歇乡柑果园合约。

⑤、交总队部高歇生产产量统计表。

⑥、账目结算。

34

⑦、完毕工作总报告

⑧、临别交出手续、、

⑨、交留别专刊一幅、

工作中的插曲

十、八十九天不下雨，本队出了张三大字。

本队自来高歇工作计有九十多天，中间只下过几次小雨，高歇地势很高，几全在山上，计有稻田皆为爆裂，溪水枯尽，本队平素常无水为炊，但队中有了怪"究论客"，每从下乡归队必戏水洗刷一番，或吃过午饭，汗流更形主泼，甚至必洗面洗脚，然后上床躺下，鼾声大作，数时不醒，於此劳动休息调养之下，其体重大增，此所谓"心宽体胖"之故，大

华西实验区江津蛆柑防治队第二区队高歇乡第六分队工作总报告　9-1-155（62）

家見了高歇"二聖廟—我們的"雀窝"的張三爺神像，与"此謂完客"同姓，
故即呼之為張三爺了。

2、非人窮水不窮

鄉裡有句罵懶人的話—"人窮水不窮"！但這次高歇的水却偏偏很窮。每當我們下鄉訪問、普查、宣傳回隊，汗透衣衫，不能有水洗澡，只有用一盆水"洗四盆水"，一抹再擦，直到水色轉黑乃肯放棄。隊長管水白妹前次不顧路遠，在下午奔走杜市隊洗头洗澡，翌晨又從杜市返隊，為此，她兩位成了杜市的高歇洗澡客。

3、水口坛一摩登體面生客

祝三下鄉拜訪，是督徵一道、某天由高坎子唐家午餐後，路經水

华西实验区江津蛆柑防治队第二区队高歇乡第六分队工作总报告　9-1-155（63）

35

口垣，太陽正烈，我七位隊員头戴草帽，在太陽光下悶悶慌慌，忽見水口垣屋前稻田间跳出了一群裸体童子，向我们走来，嘴嘴喧喧的又跳到我们背後跟着我们走，有着甚奇异的姿態，到了水口垣，花條惡犬衔将过来，這群裸体小孩立刻跑上家去，手脚乱动一通，或蹲下，或跳進，場面异常紧張，但誰知道他们冬天是怎麼度过的呢？

十、鬼來埡

一天到一保，在通杜市鄉的大路旁，問一老哥哥「甲甲長賴某住在那裡？」他说不知道，我们正猶豫之際，回顧見一茅屋有一老者做篾活，一年青婦人在晒衣，向前去問賴某住於何家，老者看了我们一眼，便又低下頭去工作，我们又問再問些，無答应，最後問他自己的住家些甚片，名字，他氣沖而答曰："鬼來埡"。此時旁邊一般衣婦不禁微笑，我們才明白這三字卻有不滿、懷疑、驚人等等的複雜情而說的。事後問及此人即為賴某，這消息終被傳至高歇士紳楊孔書知道了，頗感不平，於某一場期，召賴某大罵了一通。

5、青年朋友——夏輝強

在高歇認識的朋友很多，但對蛆柑防治隊工作最有幫助，給我們印象最深，感情最好的要算夏輝強了。在我們初到高歇，下鄉拜訪果農，熟悉地理環境，由劉惠秋介紹後，我們便與夏輝強熟識了。他是三保夏某的兒子，現在五福初級中學讀三年級，年紀不過十七歲，但他在這次做中，差不多整個時間都是在我們隊上度過的，他很熱情，很活潑，

华西实验区江津蛆柑防治队第二区队高歇乡第六分队工作总报告　9-1-155（64）

36

很天真。在我們下鄉拜訪的時候，他要我們的嚮導，每天很早便從他家裏跑上街來，背著草帽，光著赤腳，陪著我們跑了好幾天，才將十保訪問完了。他從沒缺席過一次，這種精神，加強了我們的工作信心。當他要離開我們的時候，曾向我們依依不捨的道別，中秋節他從校中帶來了兩個月餅，真真是一個多情種。

相反的有一位川東院畢業的陪華宣最底，又不會交際，又不會說話，但到隊里吃飯的次數最多，每天逢趕日子，他總是要到隊里來呆坐兩三個鐘頭，就像一個木人，也像一個神經病者。

6. 曾大夫救人不少

本隊隊員人人健康，不曾害病，許有奎林、亞斯匹林等藥，皆

华西实验区江津蛆柑防治队第二区队高歇乡第六分队工作总报告 9-1-155（66）

为高歇害搂子，吃柑的大爷细娃婆婆大娘化光了，因为药真能医病，且送医不要钱，诚以曾永常为病人所扰，但曾永常很耐烦，故治病不少，该社都称之谓"曾大夫"。病好了，常送菜送瓜到队里来。但仍有一批不懂事的，自命不凡的士绅之类，要药时是非常恭敬客气，不要药时却不理睬人的。

不见拜访如遇何事，即翻历书卜祸福凶吉

某日到一保拜访一果农，劝其摘救蛆柑，其很不以为然，每答非所问，其年约四十岁左右，颇不接受我等劝告，亦不答而入其内室，静坐看历书，戴上老光眼镜翻阅，见其姿态，乃为疑神疑鬼，急欲卜吉凶祸福，使我等欲速离去。

37

8. 中秋佳節因不吃蛇嚇壞張三爷：

中秋乃為鄉間最喜愛的佳節，隊員不便下鄉，並為免被拉去過中秋節，故隊提暂停室外工作。早餐後，孫勇、周榮、張三爷散步，至小学球場側，一條烏蛇從路中穿過，孫勇对打蛇頗饶兴趣，便与周榮合作，你一棍，他一棍，此蛇即死於亂棍之中。於是將蛇押回隊中，路經街上，兩旁婦人等人大的細娃仔都驚々作声，驚奇不已！

青蛙中々剥蛇極有經驗，不到半小時，白色蛇肉便在火鍋中悦々噴出香味。正當明月皎潔，大家團坐座下吃蛇，甚覺尤其鮮美，唯張三爷却被大家嚇壞了，連湯也不敢呷一口。

9. 展覽會中大酒無情淚

當在將全部告一段落時，由先口努力之結果，開成了這個展覽會。初，鄉巴佬見鄉公所有守門的壯丁，有些畏懼，或有怕要拉、不敢進，經我等解釋後，來者非常踴躍，背娃子的，做生意的、各界人士，外鄉客人，共有七百多位觀眾，他們不知進口出口，不依秩序，東撞西碰，皆待招呼。

各位來賓，簽上名字，尤其在批評上寫下"可好""真好""都很好"等字樣，看來極有趣味。

好多觀眾，聽到氯化苦有多麼效、勁，都不肯信，劝他不要開瓶嗅看，他們偏要請試試，因此，他們便在會場中洒下了很多無情淚。

38

總結

1、經驗：(1)、農民是最現實的、若對他們沒有實際好處、任你怎樣宣傳、都是無效的。

(2)、对農民說过的話、一定要求兑現、否則他將永遠不信任你的。

(3)、工作前先應有充分的準備、否則將留於紊乱、糊塗。

(4)、農民是純樸、誠實、虛心、相當淵博的、這都是值得我們學習的。

2、困难：(1)調查表項目太多、致填的非如理想、且數

华西实验区江津蛆柑防治队第二区队高歌乡第六分队工作总报告 9-1-155（70）

分难於正確、

②本鄉範圍太大、工作人員过少、致之不够分配、以致影响工作效率。

(3)、氣化器太少、不能使大多數果農得到實利、因之許多農民發生了不信任的心理、对工作影响太大。

(4)、D.D.T藥水、試驗結果并無速效、不便使用、是為本隊感到最大的遺憾。

3、建議：

(1)、所需的用品、应先準備完善。

华西实验区江津蛆柑防治队第二区队高歌乡第六分队工作总报告　9-1-155（71）

38

(2)每乡至少应加五人，以加强工作效率。

(3)、来往交通工具，应先准备妥当。

(4)、总部应有一特别研究机构，以解决各种困难。

(5)、乡建工作应与防治配合进行，以免许多无谓之困难。

华西实验区甜橙果实蝇防治队第十一分队工作报告（一九四九年八月） 9-1-155（72）

40

工作報告

中華平民教育促進會
華西實驗區
甜橙果實蝇防治隊第十一分隊呈

华西实验区甜橙果实蝇防治队第十一分队工作报告（一九四九年八月） 9-1-155（73）

41

中華平民教育促進會
華西實驗區甜橙果實蠅防治隊第十一分隊

工作報告書 卅八年八月

廿日我們離開了總隊，來到這陌生的地方，我們感到异樣的兴奋和鼓舞，一點也不感到陌生，我們知道這就是我們工作的地方。

經了一日之休息，恢復了疲勞，我們的工作開始了，現在將我們的工作情形分段的報告於後：

(一) 工作情形

1. 工作計劃——依照總隊部之規定及参照我們的实地情形，我們决議之計劃如下：

廿二日拜訪各單位首長及地方绅耆。廿三日向全鄉保長代表联席会議。廿五日至八月一日初步调查及下鄉宣傳，二日至九日作各果農之拜访。十日至九月十五日為果農调查。十六日至卅日摘除蛆柑。

2.工作经过——

4、地方人士之联络。廿二日九鐘，領隊率領全体隊員出發，分别拜會各單位首長及地方绅耆，申述这次我们工作的意義及目的。廿三日適逢場期，午後二鐘由乡長召開联席会議，主席致词後，由領隊及隊長報告後我们此次工作之意義及態度，並谈華教会及華西实驗区的来歷，继由

华西实验区甜橙果实蝇防治队第十一分队工作报告（一九四九年八月）　9-1-155（74）

42

代表会主席副乡長保長等均先後発言，综合各方之意見归纳如下：

(1). 学生係青本学習，望能採纳果農舊有之方法並行之

(2). 注重宣傳，並重实地工作

(3) 告诉除害药品俾便以後自行購買使用

(4) 各保長應切实遵照工作時间，领導果農及工作人員合作除害工作

(5) 初步调查時间分配：廿五日一、二保，廿六日五、六保，廿八日四、八保，廿九日三、七保，八月一日九保

(b)成立果農生產促進委員会，除由各保長代表為當然委員外，另外選廿七人（每保三人）充當委員

B、宣傳及初步調查——在未開始宣傳之先，我們舉行了一次臨時会議，討論宣傳之原則及其技術、決議我們应儘量宣傳對果農本身之利害有関之各項，使其樂於接受本隊指導為原則，並不應談及有関政治之任何問題、関於技術方面分文字與口头宣傳兩種，文字方面除標語外並依工作之需要出不定期壁報、口头方面，全隊分為兩組，按照所訂之程序每日下午至各保召開全体果農会議、對於我們的來歷和這次工作的意義及目的，還有果实蝇危害廣柑之嚴重

45

性及危害情形，和防治之方法，更谈到果实蝇之生活史及廣柑本身之價值等都一一详细的告诉他们，再听取他们的意见和解釋他们的問題，如遇場期，則分别坐各茶館与地方人士及果農接觸，也就是在那裡作我们的宣傳工作

廿五日領隊及分隊長率領隊員到第一、二保開會。

第一保即街保，共分十甲，六甲在街上，四甲在場附近，本保保長不甚熱心，对此次工作僅作表面之敷衍，因此一直拖到午後五鐘，才逼不得已找几個人来開會敷衍下去了事，这樣对我们的工作可说是完全失敗，因此我们只有到各家拜訪来补救

第二保離場五里路，本保到會人数在二分之一以上，大家情緒尚好，他

們並提兩點意見：
(1)、希望在未摘蛆柑之先，應治虫天牛
(2)、有人欲喜摘青，但大多數認為損失太大而不願意
廿六日至五、六保
第八保離場且約八、七里，開會時果農們廿人，他們提示了一個問題，就是在開花時就有蛆了」我們與他們解釋這可能是另外一種虫（其實我們也不知道是甚麼東西）不過在廣甜橙蛆虫之生生史裡沒有這種情形，因此就斷言這是另一種虫與廣柑等關，但他們不甚相信
廿八日至四、八保

华西实验区甜橙果实蝇防治队第十一分队工作报告（一九四九年八月） 9-1-155（76）

44

第四保離場約廿五華里，本保居民甚為貧瘠，能自給者僅六、七戶，（全保約三百戶以上）此保保長對此工作很是了解，因此大加其油，一般果農也還熱心

第八保距場廿五華里，本保廣柑不多，植廣柑者，僅十餘戶，開會時，全体果農都到了，此保也還熱心，並且談及大年小年之補救法，他們過去曾用摘青之办法，但不甚收效

我們建議用摘花的办法

廿九日到第三、七保

第七保距場六、七里，此保來的果農甚少，其保長亦不太負責，因此延遲到五點多鐘才開會，他們提出一個意見

希望多设杀虫站、

第三保情形与七保同

八月一日到第九保，此保广柑树甚少，保长不负责，因此会议流产

在各保开会完结后，下步工作就是拜访到果农家去宣传，也就是作调查的准备

八月四日分队到五、六、九保拜访，七日拜访第一、二保，八日到一、三、六、七保

由数日拜访的结果，我们可得下列各结论

(1)一般人对摘蛆柑都很赞成，当然也有很少的人固执

华西实验区甜橙果实蝇防治队第十一分队工作报告（一九四九年八月） 9-1-155（77）

45

(2)、对於我们调查工作都不赞成，他们怕抽税，虽然我们是再三解释，但终不能破其疑团

附：传习会记录表，印发到各茶馆及街头张贴，并与他们讲解，并准备日後调查时，再带到各家宣传。

C、调查工作——开第二次大会讨论有关调查之各项决议

(1) 调查以尽量正确为原则

(2) 调查时不能参加己见

(3) 从第一保开始，将全队分为三组，依次以甲为单位调查

(4) 调查时须将以间接方式发问

八月十日八时调查队出发，由保甲长响导，至一保七甲开

指，本保園距場很近，一般果農还比較了解，因之調查尚能順利完成

D、繪圖——在綦江鉄路工程段，我們找到了一張江津水陸交通圖，於是我們把廣興鄉那一部份繪下來放大九倍再加上果園分佈情形，就完成了我們的"廣興鄉略圖"

E、招待地方人士——賈大夫於八日四日巡視本隊，我們將本地人士之複雜情形報告後，他於是决定招待一次地方人士，俾便工作順利完成。五日將地方首長及各堂口大爺請來，當面賈大夫重申我們的工作，並望他們熱烈協助，果然以油大設宴甚將，當時就得到他們的諾言不少

华西实验区甜橙果实蝇防治队第十一分队工作报告（一九四九年八月） 9-1-155（78）

46

3.工作檢討——每晚飯後開檢討會，報告檢討當日的工作，並計劃明日之工作，由此檢討會我們得到了很大的益處，免除了緊警惕每個人之工作情緒外，並能積極的對工作有不少的改進。

因地方人士之複雜，我們不能很順利的完成聯絡任務，自費大夫來隊請一次客後，我們覺得好得不少。

宣傳方面照我們這去每保開會的情形看來是沒有多少效果，後來經文字的宣傳和各家果農拜訪後，在宣傳方面，還不太失敗。

4.困難情形

A.大多數果農對此工作不熱心，分析其原因有三：

(1)此間大果農少，但屋前屋後栽有三株五株之小果農特多，廣柑收益在此種果農之經濟上佔重要的位置，加之歷年蛆災人禍（士兵搶摘）已使此種果農不復有栽培廣柑之想（已有砍伐廣柑樹之事實）

(2)四川省農改所曾以同樣方法（掘坑貼石灰水掩埋蛆柑）在此處防治三年未收成效，以致失掉果農信心（他們說我們的辦法是王壓壓）

(3)由於政府許給予之經驗，果農對此種施而不受酬的工作，不敢相信，其有更由於調查表之詳盡繁複，果農多認為「別有用心」（已有調查了要抽稅之謠）

华西实验区甜橙果实蝇防治队第十一分队工作报告（一九四九年八月） 9-1-155（79）

47

B、地形狭長不便工作——此乡地形狭长，面積亦大，三保、四保、八保等处，距場約廿多華里，以致工作時間与精力，多消耗在往返跋涉之中，極不経濟

C、果樹分佈太散漫——此乡之果樹，凡乎家家都有，但都不多，且乡间住户，極不集中，将来運輸蛆柑至殺虫站時，困難甚大，故有果農建议至少每保應設四至五個殺虫站（因此乡有大保，每保約在三百户以上）

D、地方上有权威而無果樹之人士，頻頻於派系衝突，对於人民福利，不甚關心

E、乡保甲負責人員，对此乃作照例之公事敷衍，且地處偏僻

故今常被忽視，故雖有防治力量，实亦收效甚少。

(二)廣興環境之初步認識

廣興為江津之一偏僻之鎮，山多田少，農產不豐，人民教育程度不夠，又加年年戰爭，人民窮困異常，極待拯救。本隊來此歷時近一月，深感地方人士複雜，有新舊兩大派別，前者為彭文學領導，後者為民代表主席王元恩領導，彼此針鋒相對，不顧人民，專幹爭權奪利之事，對於此之防治工作，甚為冷淡敷衍塞責。對於此項工作，廣興亦有果農生產促進會之組織，但未實際工作，其中人選均為保長提出，本隊所發起之熱心果農不易參加，故對該會希望甚微。

华西实验区甜橙果实蝇防治队第十一分队工作报告（一九四九年八月） 9-1-155（80）

甜橙在綦河流域歷時最久、蛆虫也在廣兴发源、甜橙经廿餘年之危害、果樹大為減少、一般果農均對甜橙失却希望、多改种紅柑子、且果樹分佈散漫、在二百株以上的果農、僅有數户、僅此事和其一般之困難了。

（四）我們的生活

我們早晨是六点鐘吃飯、大致是七点鐘、全部工作人員離隊本部、这時的每一個人、都头戴草帽、脚踏薄底枯草快靴、半數的人、怀抱講義夹、半數的人、腰掛開水瓶、衣服整齊、精神滿夠、一路談笑、馳向工作地点、大有鯨吞蛆柑之勢。

午飯没有定時、大致多在二至三点之间、这完全是由当日工作而定

华西实验区甜橙果实蝇防治队第十一分队工作报告（一九四九年八月） 9-1-155（80）

·我們都絕嚴守總隊部的規約、絕沒有打攪过農民一頓飯、一杯茶、（实在是農民連表面人情也不曾做过）反轉我們倒給幾枝煙·工作完畢、归隊時、一路鬧鬧嚷嚷、笑聲載道、也不知道今天太陽大不大、熱不熱。

午飯後·因為是初步調查·沒有什麼可整理的、大多是自由活動、有的到茶館裡喝茶與地方人士联絡感情、有的睡午觉、有的看書、有的唱戲、有的拉胡琴·就連我們這位年青的工友、也是满有趣的不時他也来唱一下「十想」「双探妹」二句話、就是休息的時候、空氣總是愉快而輕鬆的。

午后六点鐘至七点、便是晚餐時間、七至八時是投奔某某阿姆抱的時間、九至十二時是檢討会的会期·我們的檢討会上、有当日的「工作报告」

49

「问题讨论」讨论的时候、大家都不遗馀力、搜索一切可用资料、尽情的辩论、我们的领队未明白我们的学院的这种传统作风以前、他深恐我们吵架、打架。其次便是「解决办法」和「明日工作计划」会议完毕以、大家就在前院聊天、各人一壶白开水、半截红运来、尽量享受露天深夜的清凉。

（四）经费收支及领用物品情形

A. 经费部份

本队出发前所领旅费、开办费、预备费及购米金等共陆拾伍元又收领队壹拾伍元、总收入捌拾元、截至十日止共付陆拾壹元叁角玖分尚馀壹拾捌元陆角壹分、至于支付详如下：

（1）旅费壹拾叁元玖分（详报销表）

（2）伙食费叁拾捌元陆角

（3）七八月份隊上用叁元陆角（详报销表）

（4）工友工资叁元

（5）全隊同学共用叁元贰角

B. 领用物品部份

本隊领用水瓶贰個、揹包一個、调查表四百份、連環画片三百套·採标本用之毒瓶贰個·野柵贰個、空瓶贰個·虫鉗贰個、捕虫網贰個·DDT贰磅·天馬墨水兩瓶·日记本贰本·标本用纸及绳索·保健箱贰個·内中药品以阿斯匹林·甘草片及奎寧用去最多

华西实验区甜橙果实蝇防治队第十一分队工作报告（一九四九年八月） 9-1-155（82）

50

（五）其他

在现在以前，都说以药品杀蛆，因此我们向老百姓宣传也如此说，但他们仍是以疑惑的态度对我们的药品在他们的脑海中打了折扣，他们这种疑团，并不因我们苦口婆心的宣传而冰释，虽然事实是胜於雄辩的，可是中国的老百姓是抱现实主义的。

最近关于药品发生问题，但我们希望它应该是一个谣言，因为这是对我们的工作上的一个妨碍，尤其是在每一个同志的心理上，倘这一个谣言更不会得到老百姓谅解的，昔日的菁农队所以石灰杀蛆之方法因不彻底而失效，这种不察究竟的老百姓的观念已是牢不可破了，如今我们重蹈覆辙，恐怕又会遭他们的白眼呢！

同志素在工作，身体甜適，祇不过偶而不慎易感冒，至于同志百姓索药几乎是供不应求，尤其是金宁，故希望能多多补充阿斯匹林、金萃隆及奎宁，俾同志健康，专心工作和工作的顺利完成。

本队所处环境特别，工作殊感困难，老百姓常说砍树为威胁来拒绝我们的调查，故我们希望能选择有代表性而愿意的几保调查之。

虫间辖地过大，更跋涉甚苦，尤於时间是太不经济，故希望能在没有办法中想办法派同学来此协助，如是农学系者，尤其欢迎。

（六）尾声

末了我们再向总队部保证，我们都具有坚强的信心和永恒的工作热忱给我们的任务在任何困难情形下，一定完成它，我们现在都很健康地愉快地生活着，工作着。

华西实验区江津柑蛆防治队第十分队（贾嗣乡）工作总报告 9-1-155（83）

52

中華平民教育促進會
華西實驗區蛆防隊 第拾分隊

工作總報告書

华西实验区江津柑蛆防治队第十分队（贾嗣乡）工作总报告 9-1-155（84）

53

華西實驗江津蛆防隊第十分隊（賈嗣鄉）工作總報告：

（一）工作計劃：

本隊按總部指示步驟依次進行·共分下列數項：

（A）認識地方環境及聯絡地方領袖·

學校生活自然與鄉村生活不同·而來到鄉下工作的人也許會遭遇到曾經在學校生活中所夢想不到的環境和困難·因此我們以十足的學生面孔要在陌生的環境裡工作·無異黑夜摸索·但為要造福農民這件勢在必行的防蛆工作我們不能置之不理·為了這項艱巨的工作的實現且順利的進行·我們深以為地方領袖及紳士能夠協助我們並能獲得農民的景仰·因此如像：鄉長·參議員·鄉民代表及紳士等我們

华西实验区江津柑蛆防治队第十分队（贾嗣乡）工作总报告　9-1-155（85）

都一一登门拜訪，借此說明我们工作的目的和態度，就在将進十天的当中，我们彼此都有一個初步的認識了。

（B）宣傳工作：

在拜訪地方領袖及士紳的過程中，我们已经作过口头的宣传，因為我们的工作是突如其來，很难獲得对方的信任，為了更進一步的使地方領袖紳士们及菓農们徹底了解我们工作的目的和内容起見，我们採用了各种不同的宣传方式，比如識字的人我们採用壁報，標語，及連環圖畫等，不識字的則盡量用口头宣传，我们約定了一個茶社（即特約茶社）每逢場期我们隊員们便分佈到各席与菓農们長談，事後我们覺得以口头的宣传对於農民是最現實而最有效。

54

宣传的内容，不外以防治蛆柑为中心，如广柑病虫害，果实蝇之生活史，果蝇为害之严重性，以及防治蛆柑最有效而最简便之各种方法等。

（C）初步調查及分别拜訪：

宣传工作有個初步的基礎以後，我們便開始下鄉，因為到底我們的对象是鄉下绝大多数的菓農們，為了深入民间使大多数的菓農都能明白我們工作的重要和目的起見，初步菓農拜訪我們認為是必要的。在拜訪的過程中附帶的將園主姓名，菓園位置，調查了一翻，以便從有计劃的言談（与菓農）中，我們獲得了廣柑，柑亮，红橘的大概数目，這便是資料搜集的第一步。我們很小心，因為在初次拜訪中不便使任何菓農有懷疑我們的地方，所以我們的问話事先都有计劃的，有準備的。

(D)組織菓農：

組織就是力量，雖然我們宣傳使菓農了解，若無組織，決不能發揮其偉大的群衆力量，故我們決定組織所有菓農，使生力量，並藉其力量互相勸告與監督，並借以改進整個綦河之廣柑事業。

(E)調查工作：

調查工作是為澈底了解綦河廣柑區域、栽培狀況及農業生產概況等，調查菓園概況時應附帶調查農業概況，工作時由全体隊員及隊長担任，並分組出發，限期完成。

(F)選定示範菓園：

根據調查結果，可選定示範菓園一至三個，作為鼓勵熱心之菓農

华西实验区江津柑蛆防治队第十分队（贾嗣乡）工作总报告 9-1-155（88）

55

及防治蛆柑之示範者，其條件如下：

(a) 園主徹底了解此項工作者。

(b) 園主有領導作用者。

(c) 園業位置適中（即交通方便）者。

(d) 果樹在一百至三百株左右者。

(e) 果樹受害嚴重者。

(f) 園地與其他園地相隔絶者。

(G) 工作區域之劃分：

此前之作皆系全鄉性，彼此都有連联络，後期工作益漸緊張，為工作方便及責任計將全鄉分成三區，即一二三四保為第一區，五六七保為第二區，八九保及青泊第七保為第三区。後再分成三十個各負責办理。

(H)督促打坨和摘蛆柑。

由各组隊員親赴各菓園选定打坨地址，並以必約限定期間完成，完成後再催促各園主摘菓，如有故意不摘則技巧的處理之。

(二)工作進度：

(A)第一階段（七月廿一至七月卅日）

此時期我們認識了地方環境，拜訪過地方領袖及紳士，展開普遍的宣傳工作和初步調查，在工作中，我們明白地方上有新舊兩派，因我們工作对象是普遍的，不是对個人的某派的，我們唯一的防蛆工作去结識各派的人士，我們不但沒管他們派系上的事情，反而因我們的防蛆工作作為他們和平相处溝通的

56

橋樑，因為他們明瞭防蛆工作的利弊和着將来廣柑事業的前途，他們相信我們，願協助我們与我們携手，在同一目標之下似乎新舊兩派也比以前接近，於是我們的工作就在這個有派系而無紛争的環境下，我們的工作無慮的積極的進行着。

我們深信着此項工作是有完整個的連貫性的，如果環境認識清楚後不加以有力的積極的宣傳，以後的工作苦於白癈，因此在文字宣傳當中我們以簡短明白的話語貼出標語似的紅（或綠）紙，為了使菓農們了解得更澈底我們更以文字配合圖畫 在每個茶館内，壁報方面，我們決定每兩場（六天）出版一次，不管任何情形不得停刊，壁报内容大致是介紹平教会、華西實驗区，以及我們工作的目的、態度、和各種防治病

华西实验区江津柑蛆防治队第十分队（贾嗣乡）工作总报告 9-1-155（91）

出售的方法，

對於一字不識的菓農，則利用場期「坐茶館」以便作口头宣傳，我們以為與菓農接觸的机会少，恐有不達到宣傳的目的，有一次一個約七八百人的大「聖会」我們也自同兒元股金參加角作宣傳。

(B)第二階段：（自八月一日至八月十二日）

此段期間我們致力於組織菓農的工作，先是会同鄉長招集鄉民代表及保長举行鄉務会議，當时决定召開保務会議，並決定期間及办法，根據鄉務会議的議決案，嗣即召開各保保務会議，此次会議除介紹防蛆工作的目的和意義外，並介紹鄉村建設及華西实驗区的各種造福人民的情形，

华西实验区江津柑蛆防治队第十分队（贾嗣乡）工作总报告 9-1-155（92）

為了要建立一個更龐大更有力的防蛆機構，不久又組招開了全鄉振大菓農会議，到会的菓農約近两百，在此次会議席上，选出了防治委員五人，並正式通過「防治蛆柑公約」至此組織菓農告一段落。

(C) 第三階段（八月十二至九月六日）

由於我們的联络工作，和宣传工作，以及菓農組織的完成，並且很順利的完成，所以我們的調查工作還不見怎樣困難，因為調查時從老百姓的口中得出比較可靠的數目並非易事，然而我們畢竟能獲得可靠的數目，這，不能不歸功於以前努力工作的效果所致。

當調查工作開始的時候進度比較慢，後来我們在每晚的檢討会中，大家才提供快速的办法，我們分成三組，每天早飯後出發，晚上才歸隊，中午便此帶去的「乾糧」，大概一天可以完成一保的調查工作。

（D）第四階段（九月七日至九月廿日）

此階段的工作加重在調查表格的整理方面，為了組織第二联合宣传的事，又派了兩位得力的同志去參加宣传工作，剩下的五位同志每天從早至晚都伏案整理調查資料，本來在調查工作告一段落後應該去遊各鄉觀摩别隊之長，但為了表格的急待整理，和留下的同志不多，故不得不打消原有的去遊計画，在此段時期中除了忙於整理表格外，还得應付别隊來觀摩的同志，同时还得事先筹備联宣隊在本場演出前後的一切雜務，因而当第二联宣隊在賈嗣演出時，有意想不到的好果，給联宣隊員及本隊同志以無限的安慰。

58

（E）第五階段（九月廿一至十月十三）

工作一天逼緊一天，此階段是我们收效的最後時期，工作成敗在此一舉！故本隊同志都認為這是最嚴重而最應該加油幹的时候，於是為各人的責任計，為工作的方便計，我们把全鄉及青泊劃歸來的一保共分為三區，以三小組分別担任之，其中离場最遠的第三區，因為路程太遠工作不便，故第三小组经交涉後搬到場參議員（段安涛）家内居住，從此每天并督促菓農打坑，以菓園的大小，位置，為我们选定打坑的標準，选定打坑地址後，便限定时间完成，再约定鄉長，参议員，保長作為初次檢查，若檢查後發現有未打坑或打得不合規定者再催重打，並限定日期完成，再作最後複查，经过最後複查認為满意後，便馬上通知各草蓑摘除蛆柑，並約定时间再作蛆柑大複查，因為我们工作是有計劃的，是一步逼進一步，而且是以嚴格（在此階段以前我们工作都是和藹可親的，最後因見老百姓有服硬不服軟的態性，我们才改变態度）的態度以公的去執行此事，故草蓑们都纷纷的响應了我们的号召，当举行蛆柑大複查时我们很高兴的見到深深的坑内偏藏着蛆柑，给了我们以很大的安慰。

工作正当紧凑的时候，為了读书我们不得不离开工作，这时正好实験區展開了工作，國民教主任也先後到來，因而我们走後的工作有人继承，当他们来的时候除了把防蛆工作的大概情形告知他们以外，还教他们認識環境和全鄉地理情況，故說来时我们借複查一

华西实验区江津柑蛆防治队第十分队（贾嗣乡）工作总报告 9-1-155（96）

59

的机会，我领他们到各保去走走，一方面他们可以学习我们的工作态度，而另一方面可以把全乡的范围各保的位置可以知道一个大概。

华西实验区江津柑蛆防治队第十分队（贾嗣乡）工作总报告　9-1-155（96）

华西实验区江津柑蛆防治队第十分队（贾嗣乡）工作总报告 9-1-155（97）

60

（三）工作經驗

從三個月的工作中，多少得了一些實地經驗，因限於能力，只能大略地敘述出來：

（A）關於環境之認識及應付之方法：因為要展開工作，要與當地民衆發生接觸，但認識之法，首在多看多聽多考慮，更為了要超然其間，更要小心自己之一切行動與說話，但終以誠實不欺為原則，至於應付之方法，可採面面圓滑法，所謂不偏不倚，允執厥中，至於運用之妙，專在存乎一心，可視情形之不同而定，更須要多帶高帽子與時用剃頭刀，所謂威德相輔，寬猛相濟也，因現在之社会中，要想工作能夠迅速完成，除此外另無二法。

（B）關於宣傳工作方面：雖然我們曾用了大小型之標語、壁報、病虫害標本、連環圖畫、口头宣傳、茶館中長談、及戲劇等各种不同之宣傳方式與方法，但收効最廣的是戲劇，最深入的是長談，最現實而又深入的是標本，最普遍而又有實惠的是連環圖畫和連帶的口头宣傳，而僅能為上層階級接受是壁報和標語，所以為了智識水準極低的大多數民众，还是採取戲劇、標本、圖畫和口頭宣傳，當然這是要費力得多。

（C）如何去組織果農？有了組織，就有了力量，而且更

61

能支持長久，這是一定的真理，但是要在一個陌生而又落後的地方，一羣固執保守而又貧窮無智識的民众中，又要在短時間内去组織民众，的確是困難，唯一之法，在用大果農及地方士伸去發動，去號召，這樣便容易得多了，假如要發動小果農自己來願意，那就要很長的時間，通過教育方式才可以，三月的光陰，實在是不容易的。

(D)如何才能得到比較真確的調查：說到調查，困難就多得很，如像果農智識水準太低，對時間，數字等觀念模糊，害怕，拒絕，亂說等等都是，但是要克服這些困難並非易事，要待時間久了，事实証明了，它才會煙消雲散，而在短時间以内，如何改善環境，那就只憑自己了，所以我们凡到任何一家去調查，態度必須要和靄，说話一定要委婉，而且在遇見拒绝或不禮貌時要極力忍耐，不可生氣，在閒聊問題時，多作引發式閒話，並可听听他們的訴苦，使他在時间上可能的話，很可長談一番，深深地了解他们，同情他们，切忌板起面孔像閻王用法官式的審問或威脅他们，這樣一來，反感和害怕就來了，至於雞鴨牛猪等可見之物，還是以自己數為上策，以免誤会你是來要雞的，總之寧肯多花時間解說，多忍耐，不要使善良的老百姓遭受意外的威脅與驚恐，同時，自己也会一無所得。

62

（E）如何去鼓動並督促打坑？我們的工作目的是防治蛆柑，而防治之最大要務是打坑，因為這個土法的効用頗大，又經濟方便，但是在大部份中小果農中，它的困難却存在着，原因是他們都為生活的重担压得叫助疲力竭，並且此事又不能馬上見功，所以都拖延不忙，在此時短日促之時，只有日日到各家去催促叮嚀和指示，但是除非遇見特別頑皮無賴者，不必加以威脅，務以盡量勸諭催促為佳，雖然日後有利，且現在又欠費功夫，但是却有違教育本意，並有損傷感情，然而在不得已時，仍以各种办法參用為妙。

(F)怎樣發動摘果工作：　摘果是防蛆工作中最後而又最重大的一件事，如果弄不好，即將前功盡棄了，但是要老百姓摘下那些又大又黄的蛆柑，連我們自己看了，都覺得棄之可惜，而發動之法，亦在利用保甲長及蛆柑防治委員會各人員之力，先行提倡，再每户催促，如尚有頑固不摘者，可先說服之，假如不听，就可威脅他一番了，因為蛆並不讓你等待而是要入土的，所以在這緊急關頭，就只好用治乱世用重典的方法了，但是还是要寬猛相濟，使他們能自動自主，那才是上策也。

(G)總結：　我們的經驗似乎覺得太少，但是我們卻得了

63

一個處世的經驗和作事的經驗，分述如下：

（一）關於處世方面：在這舊的已破壞、新的未建立的社会中，必須懂得一些外交詞令，和面面圓滑的方法，並且要能夠使用，但不可亂用和養成習慣，只有備用，而自己對人處事，務須坦白誠實和靄可親，但不可同流合污。

（二）關於作事方面：為了工作，為了自己，應該盡力工作，始終不懈，達成預期之目的。

华西实验区江津柑蛆防治队第十分队（贾嗣乡）工作总报告　9-1-155（103）

64

(四)工作困難

說起工作的困難來，的確很多，今略述如下：

(A)屬於本隊内部的，如：

(一)隊長之任務特多且重，因對内對外均須一人獨任也。

(二)伺辦伙食之消耗精力與時間，致減低工作情緒及工作効率。

(三)分隊與總部間連络之不夠，致發生問題時不易解決，且準備不夠

(四)分隊長對於隊員有尾大不掉之勢，指揮及分派工作不易。

(B.) 屬於外在環境的：如：

(一.) 老百姓的不了解和拒絕、更頑固的更不合作，還要鼓吹反對、不過、時間和事實会克服它們

(二.) 召集開会和會人難，因為他們大都為生活奔忙和對時間觀念的模糊，所以召集開会，人不易到，又因他們各人有各人的事，對這件事不熱心，故会人很難，有時且故意推託

(三.) 應付各派系極困難，一是由於自己經驗少，一是由於派系之分歧複雜，而且別人久處社会，手腕、言詞均高人一着，故應付起來，常有顧此失彼，或引起其他派

华西实验区江津柑蛆防治队第十分队（贾嗣乡）工作总报告 9-1-155（106）

65

系之精忌等，居此輩之中，想得一超然地位，終是不易，

（四）對付頑固者不易：因為我们是本着教育方式做

而時間又短，收効不易，本欲懲一儆百，奈既敢頑固，則

在地方上當然有一點力量，故本地無奈他何，而我們自

己又無力量辦理，故對此种劣紳實在有點傷腦筋，

（C）總結：困難固然多，但是有一部份我们終究勝

利了，推其原因，除了教育方法的應用和時間的磨鍊

外，就要推行政力量的使用了，在這裡，我們深深地

體會到，做鄉村工作，非與行政力量配合不可，才能生効，

尤其是要想在短期內收効的工作，更不可缺了行

政力量的配合。

66

（五）生活情形：

到賈嗣来的朋友，無不欣賞這躺在我們大門前的美麗綦河，那就是我們生活的精神的表徵，永遠像那灘頭的浪花。雖然右有"天堂"（西湖），左有"人間"（五福），而我們"地獄"也有"地獄的風光"。你聽聽那流水的低吟細述吧！很早起床，中心校的教師們還在甜夢裏，你便聽到了嘹亮的嗓子在練着"女高音"，或是以江水為聽眾在演說。

賈嗣隊的飯，一天三餐，早已是到過十分隊都知道的。說到上午的工作時間足够有五個鐘頭，在我們調查

华西实验区江津柑蛆防治队第十分队（贾嗣乡）工作总报告　9-1-155（109）

工作的後期，下午也游泳到五間廳頭了。

還有我們飯席上橫流的滋味也不少。什麼"易拉拉"、"沙重紅巴"、"下巴"、"破傷風"、辣椒、蔥子、大蒜……簡直不一而足。如此鬧席，你不僅可一飽口福，更可一飽耳福。那真是趣味橫生，有時大鬧，那裏還想到工作的疲勞。

"賈嗣隊生活很有規律"是事實。單以我們下午五點半至六點鐘的游泳，工作回來就從沒缺席過。游泳也成了我們經常的工作。晚飯後卅分鐘的疾行散步，同時也是我們的一項工作課程。

华西实验区江津柑蛆防治队第十分队（贾嗣乡）工作总报告　9-1-155（110）

67

當燈火齊上的時候，我們的"辦公廳"裏，一盞油燈下常擠着爭看一張報紙，有時也可聽到一個人的"單獨廣播"，讓其餘的都聆取近日的"好消息"。

同時在我們每晚的檢討會開始以前，你能聽到悠悠然的琴絃聲，像是在舉行會前的奏樂儀式。

檢討會開過了，我們常來一點"餘興"，那就是我們自己動手創作而的"賈嗣棑善"了。

由於工作，正如別人"檢討"我們一樣，是感到"沉重"的。但我們絕沒因工作的"沉重"而不愉快，而餒氣，而"輕鬆"地負起我們的"沉重"的工作担子。要不信，你在

华西实验区江津柑蛆防治队第十分队（贾嗣乡）工作总报告　9-1-155（111）

深夜，还可听到捉逐什么东西的響動，原来却是一支花猫常在那儿乱叫，侵擾了我們靜夜的工作。

华西实验区江津柑蛆防治队第十分队（贾嗣乡）工作总报告 9-1-155（112）

68

（六）結論

這次參加蛆柑防治工作、表面上看來好像是單純的單純的暑期工作、其實即是最好的鄉村建設工作實習、亦即是最好的自教育實習、因此我們在這三個月的工作中得到了不少的驗經和教訓。

我們的工作是有計画、有步驟的展開、雖然工作期中遭遇到不少的困难、但是我們都不屈不撓的堅持下去、碰着了问題即設法解决问題、遭遇到了困难即設法克服它、三個月的時间全在工作中忙过去了、决没有浪費這段宝貴的時间、記得我們初入鄉建院的時候晏先生講本院六大教育目標、我

华西实验区江津柑蛆防治队第十分队（贾嗣乡）工作总报告　9-1-155（113）

們在這次工作中都全体會到了、這次出去工作前、院長又指示我們在更大的環境中去學習、在我们這次工作中曾發揮了「四自精神」因為鄉建工作者捨棄了本院六大教育目標和「四治精神」可說無法工作下去、只有本此六大教育目標和四自精神、才會在工作中得到樂趣、才會發現鄉建工作的重要。

我們這批生龍活虎的鄉建工作者、初到陌生的地方、人民皆以好奇的眼光和態度来对待我們、我們的宣傳工作足以使他們了解我们、可是更重要的还是不断地不断辭勞苦地的努力工作、感动了他们、三個月後、一般民众对我们的態度变了、他们都盼望我们不走、他们都心服了我們的吃苦的精神

华西实验区江津柑蛆防治队第十分队（贾嗣乡）工作总报告 9-1-155（114）

69

最使我们憶念地是一個小軍閥、平時全住街上不作事、他是一個典型的土豪劣紳、老頑固、但經我们多次的鼓勵再指示後他居然毅然地回鄉去從事鄉村实業工作、另外一個二十多年的老校長对我们這樣說：「你们這次的工作真出我意料之外最初以為你们至多也不过走走看看、不會有什么成績、殊不知你们幾個月都在不放鬆工作、真是难得……」由他那誠懇的態度說出了内心的話、不能不使我们相信他是真的、还有善良誠僕的老百姓、听說我们要走了、他们似乎含着眼淚向我们說「剛剛住熟了、你们又要走了、何時來」、帶着充分的留念

總之、我們這次工作、真正的認識了鄉村環境和体念到

了鄉建工作的重要，我们發現了許多在校不能知道了的問題
我们在工作中得到了不少的樂趣，三個月的实地馬經驗比
我们在校數年的研究还知道得多，由於這次工作的經驗更
引起了我们对鄉建工作的兴趣，我希望這樣的暑期工作
以後年年有，尤其是三四年級的同學，更須需這种实習的
机會，因為可以增加自己的工作能力。

附本隊工作人員職務及籍慣表

領隊	任錫川	四川巴縣
隊長	劉運喜	四川永川
醫務	戴世吉	四川永川
	陳維明	四川南充
標本	劉運春	四川永川
	易明高	四川富順
衛生	孫洽	山東濰縣
文書	張朝福	四川瀘縣
聯絡	王叙寧	安徽曹縣

华西实验区江津柑蛆防治队第十分队（贾嗣乡）工作总报告 9-1-155（116）